KB235637

3,000가지

무한대이야기

저자 마이크 플린 Mike Flynn은 영국 과학박물관의 과학자이며 수학자이다. 우주과학, 첨단과학, 테크놀로지등에 대해 일반 대중을 위한 많은 저술활동을 하였다. 또한, 옥스퍼드 사전Illustrated Oxford Dictionary 편찬 작업에 컨설턴트로 참여하였다.

번역자 김준열은 서울에서 태어나, 서울과학고(6기)와 서울대학교 수학과에서 공부했다. 육군 삼사관학교 정보과학과 전임강사로 재직 중이며, 현재 서울대학교 수학과 박사과정을 마치고 논문 집필 중이다.

3,000가지 무한대이야기

지은이 / 마이크 플린
옮긴이 / 김준열
펴낸이 / 조유현
펴낸곳 / 늘봄
편　집 / 이부섭
디자인 / 황미경

등록번호 / 제1-2070 1996년 8월 8일
주　소 / 서울시 종로구 충신동 189-11 동국빌딩 3층
전　화 / (02)743-7784
팩　스 / (02)743-7078

초판 1쇄 펴냄　2009년 4월 20일

ISBN 978-89-88151-90-7 03300

인·류·지·식·의·보·물·창·고·휘·태·커·연·감
Whitaker's Almanac
*3,000가지
무한대이야기
마이크 플린 지음 김준열 옮김
Infinity
늘봄

수와 도형

NUMBERS & SHAPES

수의 개념

숫자란 무엇일까? 숫자를 사용하여 우리의 세상을 아주 명확히 표현할 수 있다. 근본적으로 숫자는 말과 비슷하지만, 정확한 표현을 할 수 있다. "배고픈 사람이 세 명 있는데, 피자는 두 쪽밖에 남지 않았다"라는 아주 간단한 말에도 숫자가 포함되어 있는데, 이 말에는 ①세 명의 사람이 있고, ②두 쪽의 피자가 남았으며, ③누군가 양보하던가, 아니면 피자를 더 주문하던가, 아니면 피자 두 쪽을 셋이서 나눠먹어야 할 것이라는 뜻이 담겨 있다.

산가지

숫자를 누가 처음 사용하였을까? 가장 오래된 예는 수천 년 전 어둠의 동굴 속으로 거슬러 올라가야 한다. 약 10,000년 전, 신석기 시대에 동굴에서 나뭇가지나 동물의 뼈를 늘어놓은 산가지^{Counting sticks}가 모습을 드러냈다.

발견된 것들 중 가장 오래 된 산가지는 늑대의 뼈로 만들어졌다. 고대 사람들은 기록을 영원히 남기기 위하여 뼈에 다섯 개

13세기에 영국에서 만들어진 산가지, 1834년 웨스트민스터 궁전이 불에 타 파괴되었을 때 발견된 것으로 추정된다. 부기(簿記)의 가장 오래된 형태이다.

씩 한 묶음으로 세로줄을 새겼다.(왜 다섯 개일까? 손가락이 다섯 개라서?)

별것 아닌 것처럼 보일지 모르나. 수명이 짧고 야만 생활을 했던 원시시대에는 큰 업적이었다. 불행히도 그 후 약 6,000년 동안은 수학적 발전이 별로 없었다.

바빌로니아인들과 60진법

기원전 2000년부터 무역의 발달로 인하여 수학이 발전하였는데, 특히 바빌로니아, 이집트, 인도, 중국에서 발전하였다.

지금의 이라크 남부 쪽에 자리 잡고 있었던 바빌로니아는 무역의 중심지였고, 아이디어들이 가장 빠르게 발전하는 활발한 도시였다. 약 기원전 1000년경부터 산수^{Arithmetic}와 기본적인 대수학^{Algebra}, 기하학^{Geometry}이 발전하였다.

그렇다고 해서 이때부터 지금의 산수를 하였다는 뜻은 아니다. 바빌로니아인들은 60진법이라 불리는 계산법을 썼는데, 이 방법은 요즘에는 거의 쓰이지 않고 있다. 하지만 1시간이 60분, 1분이 60초라는 개념에는 남아있다. 오늘날에는 대부분 10진법이 쓰이는데, 이것은 이집트인들이 개발한 방법이다.

십진법

10진법 체계에서는 모든 숫자를 표현하기 위하여 10개의 기호가 쓰인다.(0, 1, 2, 3, 4, 5, 6, 7, 8, 9) 9보다 하나 더 큰 숫자를 표현하고 싶다면, 9가 쓰인 자리에 0을 쓰고, 앞자리에 1을 쓰면 된다. 그러면 10이라는 두 자리 숫자가 얻어진다.

이진법

이진법은 십진법과 비슷한데, 단지 두 개의 숫자 0과 1만 쓰인다. 이것은 오늘날 컴퓨터를 가동하는데 결정적인 요소로 쓰인다. 컴퓨터는 기본적으로 예나 아니오의 대답을 요구하는 질문들을 굉장히 빠른 속도로 처리하는 기계이기 때문이다. '예'를 1이라 생각하고, '아니오'를 0이라 생각하는 이진코드도 이진법에서 나온 것이다. 157쪽을 보면, 컴퓨터에서 사용되는 이진코드들을 볼 수 있다.

무한대

우리가 상상할 수 없을 정도로 큰 숫자들이 있다. 크기가 무한정 커지는 숫자를 표현할 때, ∞라는 기호를 사용하는데, 이것은 마치 8을 옆으로 뉘어놓은 듯한 기호이다. 10쪽에 있는 π는 소수자리가 무한정 계속되는 숫자의 한 예이다.

전근대적 수학

십진법을 사용하고 자릿수 0을 사용할 때부터 현대수학이 시작되었다고 간주된다. 이 두 가지 방법 없이 산수를 할 수 있다는 것이 믿기지 않겠지만, 고대 사람들은 몇천 년 동안이나 이 방법 즉, 10집법과 0이 없이도 잘 지냈다. 계산에 제약이 따르기는 했지만, 무역을 하는데 있어서는 주판이 이러한 문제들을 해결해 주었다. 주판은 자릿수 체계(10진법)를 사용할 수 있도록 고안되었고 수로서 영의 의미를 사용하였기 때문이다.

수 체계 발전의 역사

시기	장소	발전 내용
8000B.C (신석기 시대)	중유럽 (체코공화국)	산가지를 처음으로 사용
2400 B.C.	수메르	자릿수 체계의 발전
1750 B.C.	바빌로니아 (이라크남부)	기록용 쐐기문자 발견
1650 B.C.	이집트	숫자를 적기 위한 상형문자를 사용
1550 B.C.	중국	십진법을 처음으로 사용함 대나무가지를 사용하여 숫자를 표현함
900 B.C.	인도	영을 처음으로 사용함
300 B.C.	그리스	유클리드가 『원론』[Elements]이라는 13권짜리 기하학 책을 집필함. 향후 2,000년 동안 표준교과서로 자리 잡음
100 B.C.	중국	음수를 처음으로 발견
800 A.D.	아라비아	대수학의 탄생
1000	유럽	아랍 무역상들에 의해 십진법체계가 전파됨
1514	네덜란드	현대적 의미의 +, −기호가 처음으로 사용됨
1614	스코틀랜드	네이피어[John Napier]가 로그이론을 도입
1630년대	프랑스	해석 기하학의 발전
1660년대	영국	그라운트[John Graunt]가 통계학의 기초를 연구함
1660~1670년대	영국, 독일	뉴턴[Issac Newton]과 라이프니츠[Gottfried Leibniz]가 독립적으로 미적분학을 연구함
1830년대	독일	비유클리드 기하학의 발전
1960	프랑스	만델브로트[Benoit Mandelbrot]가 프랙탈 이론을 발전시킴
1980년대	미국	날씨와 같은 복잡계[Complex system] 해석에 카오스 이론을 도입함

0

오늘날의 의미로 영을 처음 사용한 수학자는 대수학의 아버지라 불리는 알콰리즈미^{Muhammad ibn Musa alKhwarizimi}(780~850년)였다. 중국인들은 0이라는 기호를 알진 못했지만, 주판 사용법을 볼 때 적어도 0의 개념을 알고 있었으리라 생각된다. 힌두-아라비아 숫자체계를 사용하면서부터 1~9와 더불어 0을 사용하기 시작했는데, 0은 자리수를 표현하기 위한 방법으로도 쓰이고 숫자 자체로써도 쓰인다. 힌두-아라비아 숫자체계는 처음 천년동안 무역로를 통하여 유럽으로 건너갔고, 지금까지 쓰이는 뛰어난 숫자체계이다.

0은 아니지만 임의의 양수값 보다 작은 수를 '무한소'^{Infinitesimal}라 하는데, 이러한 수는 실수체계에서는 존재할 수 없다. 하지만 이 무한소의 개념을 이용하여 초기 미적분학^{Calculus}이 발전하였다.(61쪽을 볼 것)

수의 종류

자연수^{Natural Numbers}

자연수는 물건을 셀 때처럼 우리가 항상 쓰는 수이다. "나는 X개의 회색 옷을 가지고 있다"라고 표현하기보다, "나는 1, 2, 3, 4, 5개의 회색 옷을 가지고 있다"고 표현한다. 어떤 수학자들은 자연수에 영을 포함시키지만, 또 다른 수학자들은 포함시키지 않는데, 이는 끊임없는 논란의 대상이 되고 있다.

정수 Integers

정수는 1, 2, 3…과 같은 모든 자연수에 −1, −2, −3…과 같은 음수와 0을 포함시킨 수를 말한다. 두 정수의 합, 차, 곱은 다시 정수가 되지만, 나누기에 대해선 성립하지 않는다. 예를 들어, 142를 5로 나누면 28.4인데 이는 정수가 아니다.

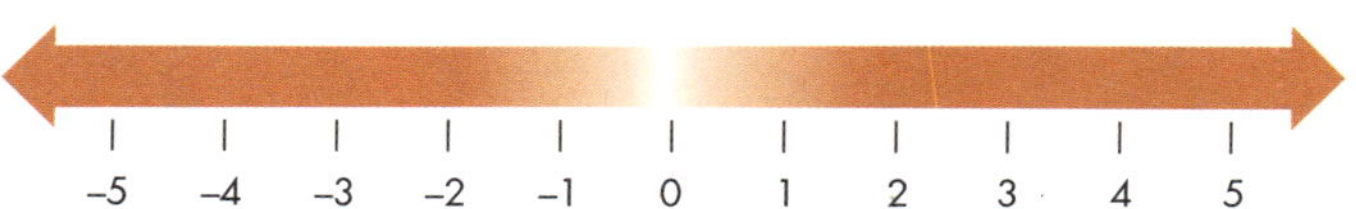

유리수 Rational Numbers

유리수는 정수를 정수로 나누어서 얻어지는 수이다. 임의의 정수와 대부분의 분수는 유리수이다.

무리수 Irrational Numbers

무리수는 분수로 표현할 수 없거나, 유한 소수 자릿수를 가질 수 없는 수를 뜻한다. 대표적인 예로 π를 들 수 있다.(10쪽을 보라.)

다각수 多角數 : Figurate number

어떠한 숫자들은 점들을 배열하는 방식으로 얻을 수가 있는데, 기하학적인 패턴을 가지고 있다. 고대 그리스나 중국에서 이러한 수들에 흥미를 가졌고, 삼각수, 사각수뿐만 아니라 팔각수, 구각수에 대해서도 많은 연구를 하였다.

삼각수 ^{Triangular Numbers}

점들을 (정)삼각형 형태로 배열해 보면 이 삼각형들은 3, 6, 10, 15 등의 점의 개수를 포함하는데 이를 삼각수라 한다.

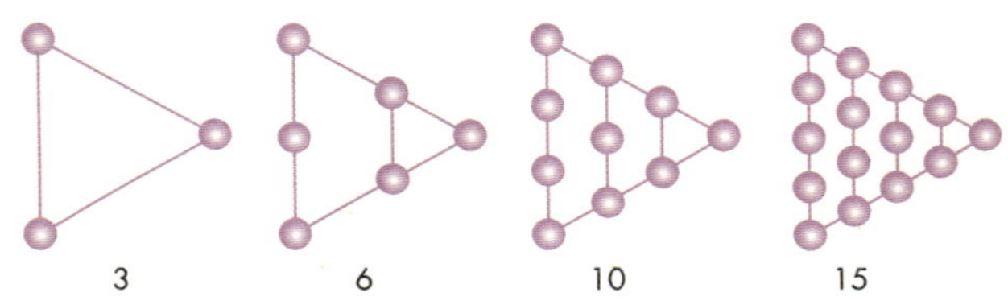

사각수 ^{Square Numbers}

4와 같이, (정)사각형 형태로 배열할 수 있는 점의 개수를 사각수라 한다.

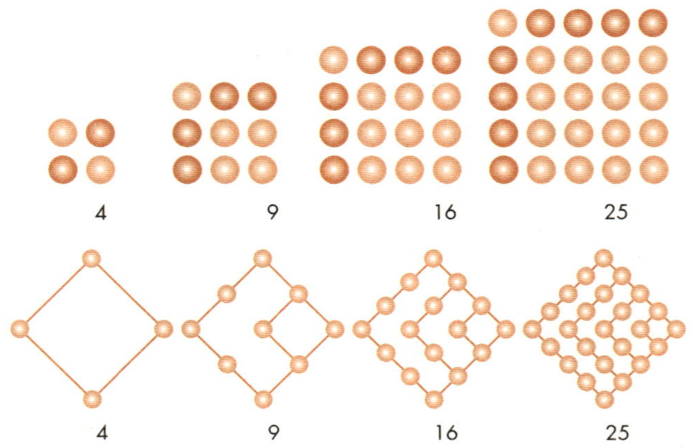

제곱근 ^{Square Roots}

제곱근은 점의 배열 패턴과는 관계가 없고, 기호로 $\sqrt{}$라 쓴다.

숫자 2에 대하여 2^2과 같이 쓰여 진 수는 2라는 수가 제곱이 되어 있다는 뜻. 즉, 2를 두 번 곱한 수임을 알고 있을 것이다.

이를테면, 3^2이라는 수는 3 곱하기 3을 뜻하며 9을 얻는다. 3을 두 번 곱해서 9를 얻었으므로, 9의 제곱근은 3이 되어야 한다. 이를 다음과 같이 쓸 수 있다.

$$3^2 = 3 \times 3 = 9$$
$$\therefore \sqrt{9} = 3$$

인수와 소수 ^{Factors and Prime numbers}

어떠한 수(A)가 또 다른 수(B)를 나눌 때, 즉 나누어서 나머지가 없을 때 이 수(A)를 다른 수(B)의 인수^{Factor}라 부른다.

예를 들어 2나 5는 10의 인수인데, 2는 10을 정확히 5개로 나누고, 5는 10을 정확히 2개로 나누기 때문이다. 반면 1과 자기 자신으로 밖에 나누어 지지 않는 수들 즉, 단지 2개의 인수를 갖는 수들을 소수^{Prime number}라 한다. 소수의 예로는 2, 3, 5, 7, 11, 13, 17을 들 수 있다.

> **에라토스테네스의 체** ^{Eratosthenes's Sieve}
>
> 에라토스테네스^{Eratosthenes}는 기원전 3세기 그리스의 뛰어난 수학자이며 천문학자였다. 그는 소수를 찾기 위해 소수가 아닌 수들을 걸러내는 '체' ^{Sieve}라는 개념을 발견했다.
>
> 우선 1을 제외시키고, 그 다음 2에서 2칸씩 건너 뛴 수들을 제거했다.(4, 6, 8… 등은 2로 나누어떨어지므로) 그런 다음 3에서 3칸씩 건너 뛴 수들, 5에서 5칸씩 건너 뛴 수들, 7에서 7칸씩 건너 뛴 수들…을 지워나갔다. 100에 도달할 때까지 이러한 과정을 반복했다. 이러한 과정을 거쳐서 지워지지 않은 수들을 소수라고 부른다. 또한 에라토스테네스는 지구둘레의 길이를 구하기 위한 연구를 했고, 이를 천재적인 방법으로 해결하였다.

허수 Imaginary Numbers

허수는 ai꼴의 수인데, 여기서 a는 0이 아닌 실수이고, i는 −1
의 제곱근이다.

복소수 Complex numbers

허수에 실수를 더해서 표현한 수를 복소수라 한다.

π

이 기호는 원 둘레의 길이를 그 원의 지름으로 나눈, 둘레에 대한 길이의 비율을
뜻하는 그리스 문자로서 '파이' 라고 읽고, 때때로 'pi' 라 쓰기도 한다. 기하학에
서 특히 유용하게 사용되는데, 원 둘레의 길이를 구하는 것 등에 쓰인다. 지름의
길이에 π를 곱하면 원둘레의 길이를 얻을 수 있는데, $c = \pi d$와 같은 공식이 된
다.(d는 지름의 길이, c는 원둘레의 길이) 또한, 반지름의 제곱에 를 곱해서 원의
넓이를 얻을 수 있는데, 이는 $a = \pi r^2$과 같은 공식이 된다.(a는 원의 넓이, r은
반지름)

π는 무리수다. 기원전 3세기까지는 이것의 근사값으로 3을 사용하였는데, 그리
스의 천재수학자, 아르키메데스^{Archimedes}('유레카!' 로 유명함)는 π를 3.14로 계산
하였다. 기원후 2세기를 거치며 3.1416으로 더 정확해졌고, 시간이 흐를수록
점점 더 정확한 소수부분을 얻어내었다.

FACT

20세기에 π는 소수점 이하 10억 자리까지 계산되었다.

분수 ^{Fractions}

롱아일랜드 아이스티 같은 신선한 칵테일을 생각해보자. 이 칵테일은 지방마다 약간 다른 제조법을 제외하면 럼, 진, 보드카, 데킬라, 콜라를 같은 양으로 섞어 만든다. 이 5개의 재료는 전체 칵테일의 5분의 1씩을 차지하고 있는데, 이 개념을 분수 ^{Fraction}라 하고, 1/5이라 쓴다.

이는 두 가지 중요한 사실을 말해주는데, 이 분수의 분모는 칵테일이 몇 개의 부분으로 이루어져있는가를 말해준다. 이 예에서 칵테일은 5개의 부분으로 이루어져 있다. 분수의 분자는 전체 중 몇 개의 부분이냐를 설명해 준다. 만일 이 칵테일의 5분의 1이라 하면, 단지 한 부분만을 의미하는 것이다.

십진법 ^{Decimals}

십진법 체계는 산수를 하거나 돈을 계산할 때 폭넓게 쓰인다. 10개의 기호(0, 1, 2, 3, 4, 5, 6, 7, 8, 9)를 조합하여 사용하는데, 자릿수에 따라서 그 값이 달라지며, 일의 자리, 십의 자리, 백의 자리, 천의 자리 등으로 나뉜다. 앞의 예에서 칵테일 전체의 양을 1이라 놓으면 각 5개의 재료의 양을 0.2라 볼 수 있는데, 0.2×5=1이기 때문이다.

백분율^{Percentages}

수학에서 백분율은 %라는 기호를 사용하여 표시하는데, 100으로 나눈 수를 의미한다. 앞의 예에서 칵테일 전체를 100%라 보았을 때, 데킬라의 백분율은 전체를 다섯으로 나눈 값이므로 20%이다.

FACT

로마 시대에는 때때로 십진법이 군기 유지의 관행으로 사용되었다. 군에 반란이 발생한 경우, 모든 부대를 정렬시켜놓고, 임의의 시작점으로부터 시작해서, 각 열의 열 번째에 있는 병사를 차출하여 다른 이들에 대한 본보기로 처형하곤 했다.

지수^{Indices}

여러 개의 숫자를 보기 편하게 쓸 수 있는 것이 바로 지수를 사용하는 방법이다. 지수를 사용하여 숫자의 거듭제곱을 표현하는데 어떤 수가 몇 번 곱해져 있는 지를 말해준다. 예를 들어, 3^4의 위첨자 4는 3의 지수로서 사실 $3\times3\times3\times3=81$을 뜻한다. 138쪽에 제곱수와 삼승수를 계산해 놓았다.

로그 ^{Logarithms}

로그는 지수의 개념과 비슷한데, 주어진 수가 10의 몇 승이 되는가를 구하는 개념이다. 예를 들어 100은 10^2인데 이것은 100의 로그값이 2라는 뜻이다. 계산을 쉽게 하기 위해서 로그표를 미리 만들어 놓았는데, 이걸 이용해서 복잡한 숫자들의 곱하기나 나누기를 더 쉽게 할 수 있다. 145쪽의 사인, 코사인, 탄젠트의 로그표를 보라.

10의 거듭제곱 ^{Powers of 10}

10의 거듭제곱은 아주 큰 숫자의 영을 줄지어 쓰지 않고 간단히 표현하는 유용한 방법이다. 예를 들어, 10의 1제곱 10^1은 10, 10의 2제곱 10^2은 100, 10의 3제곱 10^3은 1000이다. 아주 작은 숫자 역시 지수에 음수기호를 붙여 표현이 가능한데, 예를 들어 10^{-2}는 0.01 이다.

FACT

지구의 질량은 10의 거듭제곱을 사용하여 표현하면 5.978 kg × 10^{24}이다. 이 수는 5,978,000,000,000,000,000,000,000,000 kg을 뜻한다.

과학적 표기방법

아주 크거나, 아주 작은 수를 표현하기 위해 10의 거듭제곱을 쓰는 것이 과학적 표기방법인데, 사실 이 방법을 사용하지 않고 복잡한 과학방정식을 풀어내기란 거의 불가능하다. 예를 들어 지구형 행성들(수성, 금성, 지구, 화성)의 질량을 더하는 간단한 문제를 해결하는 데도 거듭제곱을 사용하지 않고는 상당한 시간이 소요될 것이다. 직접 각 행성들 질량을 0의 개수를 써보며 계산해 보라.

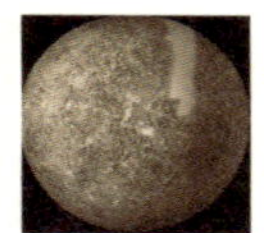   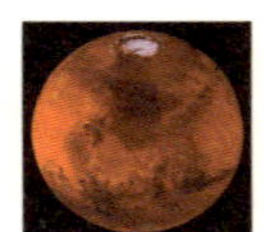

$$3.3 \text{ kg} \times 10^{23} \;+\; 4.87 \times 10^{24} \;+\; 5.978 \text{ kg} \times 10^{24} \;+\; 6.4 \times 10^{23} \text{ kg}$$

(수성)　　　　　　(금성)　　　　　　(지구)　　　　　　(화성)

차원^{Dimension}

간단히 말해서 차원은 특정한 방향으로 측정되는 양으로써 정의된다. 다시 말해 선은 1차원(길이)이라고 생각할 수 있다. 표면은 길이와 폭으로 측정되는 2차원이고, 이 책과 같은 입체는 길이, 폭, 높이를 가지는 3차원이다.

2차원 도형의 분류

삼각형^{Triangle}

삼각형은 수학보다는 예술영역에서부터 기원을 찾을 수 있는데, 약 기원전 3500년 전의 수메르인이 쓰던 도기류에서 장식용으로 쓰인 삼각형을 발견할 수 있다. 삼각형은 신비주의적, 점성술적인 면에서 중요했을 뿐 아니라, 간단한 측량을 할 때도 쓰였는데, 차츰 삼각형의 성질들이 알려졌고 기하학 연구의 기본이 되었다.

사각형^{Four-sided Shapes}

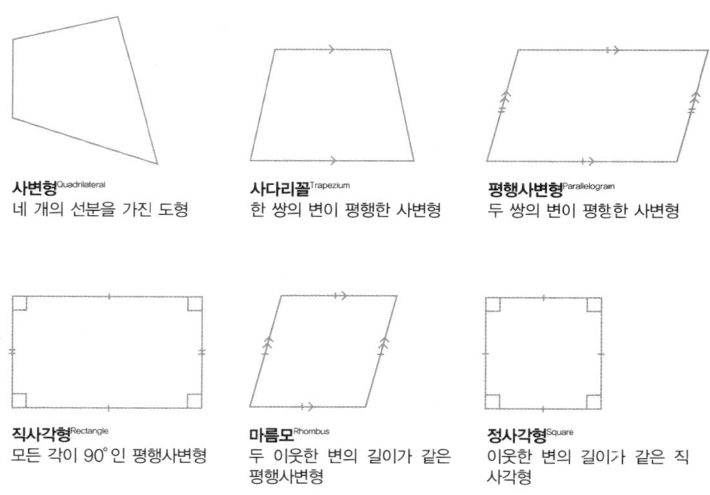

다각형^{Polygon}

다각형은 2차원 도형으로써 삼각형, 사각형, 이들과 비슷한 도형 모두 다각형의 예이다. 정다각형은 변의 길이가 모두 같고, 내각의 크기가 같은 도형을 뜻한다. 정삼각형이나 정사각형 등이 정다각형의 예들이다. 변의 개수가 많은 정다각형 일수록 원 모양과 비슷하게 된다. 다각형은 크게 두 종류로 나뉘는데, 볼록^{Convex} 다각형과 오목^{Re-entrant} 다각형이 그것이다. 볼록 다각형은 모든 꼭지점이 도형 밖으로 향하는 부분에 위치해 있고, 오목 다각형은 하나 이상의 꼭지점이 안쪽 방향으로 향해 있는 도형이다.

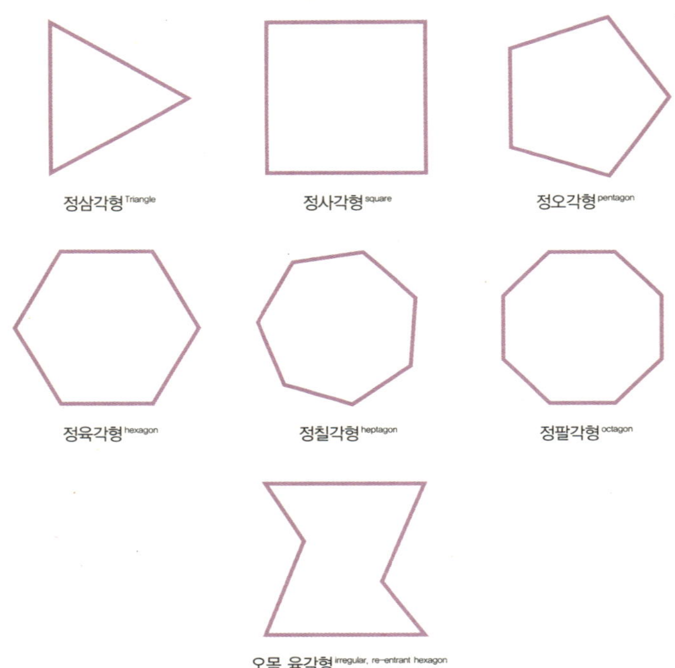

정삼각형 Triangle   정사각형 square   정오각형 pentagon

정육각형 hexagon   정칠각형 heptagon   정팔각형 octagon

오목 육각형 irregular, re-entrant hexagon

FACT

라틴어 숫자인 1-모노mono, 2-비bi, 3-트리tri, 4-테트라tetra, 5-펜타penta, 6-헥사hexa, 7-헵타hepta, 8-옥타octa, 9-노나nono, 10-데카deca는 외워두면 유용하다.

외우는법 : 게임 테트리스는 4가지 도형, 펜촉은 5원, 육군사관학교는 핵폭탄, 7행운이 오면 헤퍼진다, 건반옥타브나 옥토퍼시 낙지발은 8개, 90점이면 논다, 데카메론은 10개의 이야기 : 역주

곡선^{Curves}

곡선을 얻는 방법으로 점이 움직이는 자취를 따라가 보는 방법이 있다. 예를 들어 고정된 한 점에서 항상 같은 거리만큼 떨어져 있는 점이 움직이는 자취는 원이 된다.

히파티아^{Hypatia}(AD 400)는 기하학적 곡선에 대한 연구르 유명한 그리스 수학자이다. 그녀는 아폴로니우스^{Apollonius}의 연구를 토대로, 원뿔을 잘라 얻을 수 있는 곡선들에 대한 연구를 하였다. 원뿔 곡선론^{Conic sectoining}이라 불리는 이 방법을 사용하여 원^{Circle}, 타원^{Ellipse}, 포물선^{Parabola}, 쌍곡선^{Hyperbola}을 얻을 수 있다.

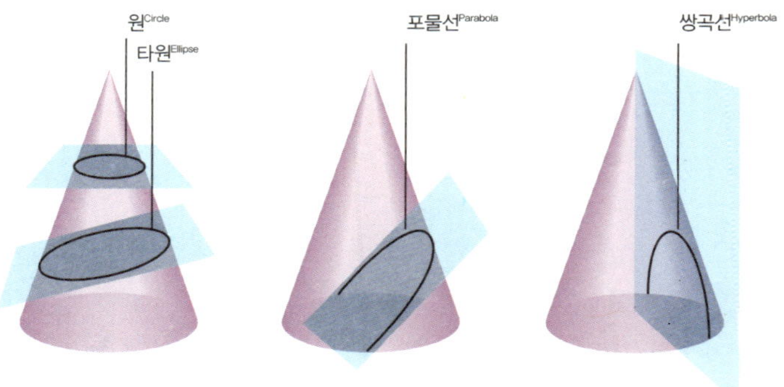

FACT

히파티아는 원뿔 곡선론뿐만 아니라 죽음의 일화도 유명하다. 종교 지도자의 심기를 거슬러, 수도사 패거리에게 끌려가 한 교회에 감금당했다. 거기서 사지가 절단되고 불에 타 숨질 때까지 고문을 받았다. 혹자는 이때 이후로 수학자들이 이 세상에 '어려운 수학적 내용으로' 복수를 해오는 것이라고 말한다.

원^{Circle}

원의 바깥쪽 선을 원주^{Circumference}라 부른다. 원의 중심에서 원주까지의 거리를 반지름^{Radius}이라 하는데, 이는 원지름^{Diameter}의 절반이다.

원주의 길이를 원의 지름으로 나누면 무리수 를 얻는다.(더 알고 싶으면 16쪽을 보라), 이 수는 모든 원에 대해서 똑같은 값을 가지고 약 3.142이다.

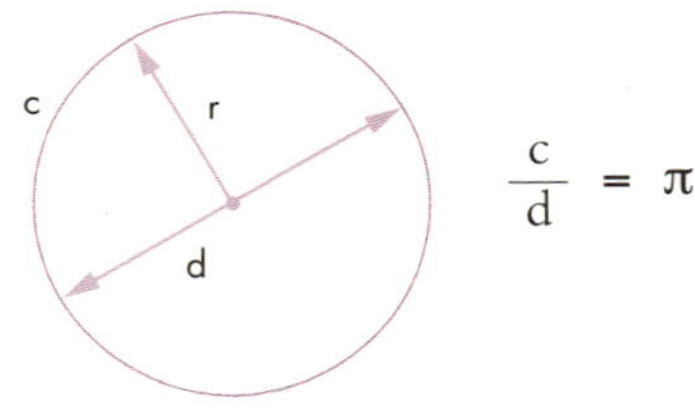

$$\frac{c}{d} = \pi$$

입방체^{Solid figures}

수학자들은 몇 세기 동안 입방체에 대하여 연구하였다. 정다면체^{Polyhedrons}라고 불리는 입방체는 정삼각형, 정사각형과 같은 정다면체로 이루어진 입체인데, 수학자들이 많은 연구로, 5가지 이외의 정다면체는 없다는 것이 밝혀졌다.

이 5가지 정다면체는 고대 그리스 때부터 익히 알려져 왔는데, 이것들은 플라톤의 입체라 부르기도 한다. 정사면체^{Tetrahedron}(4개의 정삼각형으로 이루어진 다면체), 정육면체^{Cube} (6개의 정사각형), 정팔면체^{Octahedron}(8개의 정삼각형), 정십이면체^{Dodecahedron}(12개의 오각형), 정이십면체^{Icosahedron}(20개의 삼각형)가 5가지 정다면체이다.

구 ^{Sphere}

구는 삼차원 상에서의 원으로 생각할 수 있다. 즉, 구 겉면의 모든 점은 중심으로부터 같은 거리에 떨어져 있다. 원과 마찬가지로 이 거리를 반지름이라 한다. 또한 구도 원주와 지름이라는 개념을 가지고 있다. 구를 지름을 통해서 쪼개면 두 개의 반구 ^{Hemispheres}가 나오는데, 그 표면은 원이 된다.

2000년 전쯤에 그리스 수학자 아르키메데스는 구에 관한 몇 가지 유용한 공식을 계산했는데, 다음과 같다.

$$구의\ 겉넓이 = 4\pi r^2$$
$$구의\ 부피 = \tfrac{4}{3}\,\pi r^3$$

139쪽을 보면, 3차원 입체의 겉넓이와 부피 구하는 공식이 있다.

피라미드 ^{Pyramids}

고전적인 이집트 스타일의 피라미드는 옆면이 삼각형으로 되어있는데, 정사면체와는 달리 밑면이 정사각형이다. 밑면과 평행하게 피라미드를 쪼개서 쪼개진 면을 관찰하면, 아래 그림과 같이 정사각형을 얻을 수 있다.

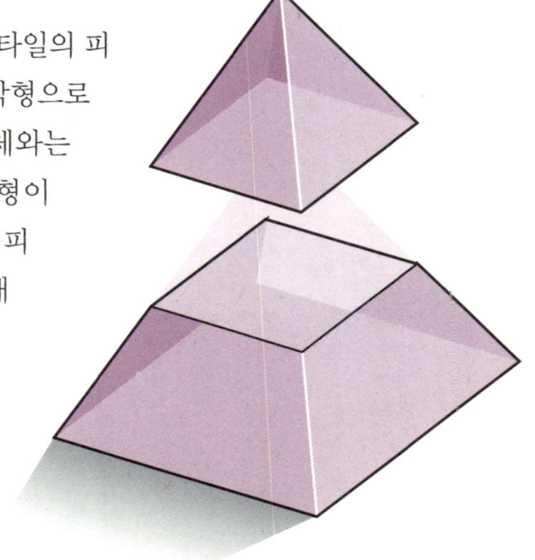

위상학^{Topology}

위상학은 흥미로운 수학 분야인데, 다른 분야와는 달리 최근에 와서야 연구가 되고 있다. 간단히 말해서, 어떤 물체가 변형될 때(여기서 변형된다는 의미는 구부러지거나, 늘어나거나, 압축된다는 뜻이다) 그 물체가 계속 유지하고 있는 성질들에 대해 연구하는 분야가 바로 위상학이다. 쉬운 예로, 주어진 원을 밀고 당겨서 삼각형 모양이 되게 만들 수 있다. 이 때, 원과 삼각형은 위상학적으로 동일하다고 말한다. (위상학은 어떤 형상을 구성하는 기하학적인 요소들의 공간적 관계를 나타낸 것을 말한다. : 역주)

쾨니히스베르크의 다리^{Königsberg Bridge}

쾨니히스베르크의 다리 문제를 해결하기 위해 위상학의 이론이 사용되었다. 쾨니히스베르크는 1700년대 초 독일의 마을 이름인데, 마을 중간으로 강이 지나고 있었다. 이 강의 중앙에는 작은 섬이 하나 있었고 마을의 나머지 부분은 7개의 다리로 서

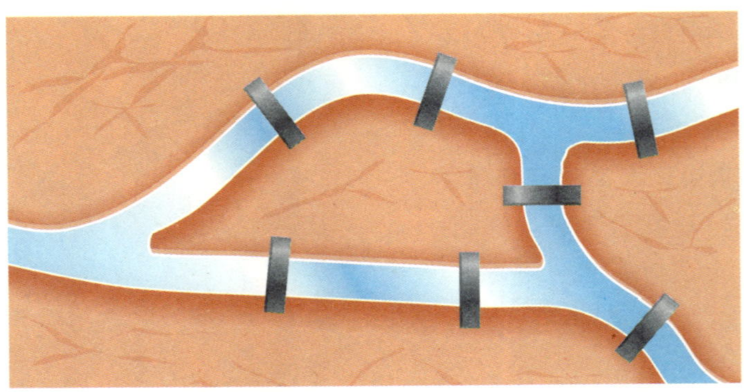

로 연결되어 있었다. 쾨니히스베르크의 다리 문제란, 7개의 다리를 중복 없이 모두 건너 원래 출발한 위치로 돌아올 수 있는가 하는 문제이다. 수학자들의 연구 끝에, 중복 없이 모든 다리를 한 번씩 지나는 것은 불가능하다는 것이 밝혀졌다.

뫼비우스의 띠 만들기 Möbius strip

뫼비우스의 띠는 에셔 Escher 의 그림에서 비슷한 모양을 찾을 수도 있고, 실생활에서도 만들 수 있고 사용된다. 뫼비우스의 띠는 한동안 엔진을 사용하는 기계의 동력벨트로 쓰였었다. 직사각형 모양 종이 띠의 한 쪽 끝을 반대편 쪽 끝과 한번 꼬아서 이어 붙이면 뫼비우스의 띠를 만들 수 있다. 뫼비우스의 띠는 보기와는 달리, 하나의 변과 하나의 면으로만 이루어져 있다. 또한 뫼비우스 띠의 중간을 따라서 잘라보아도, 다시 하나의 조각이 된다. 이런 특이한 성질들이 1858년에 독일 수학자 뫼비우스 August Möbius 와 리스팅 Jphann Listing 에 의하여 독립적으로 발견되었는데, 띠 이름에서도 알 수 있듯이 뫼비우스가 훨씬 명성을 얻게 되었다.

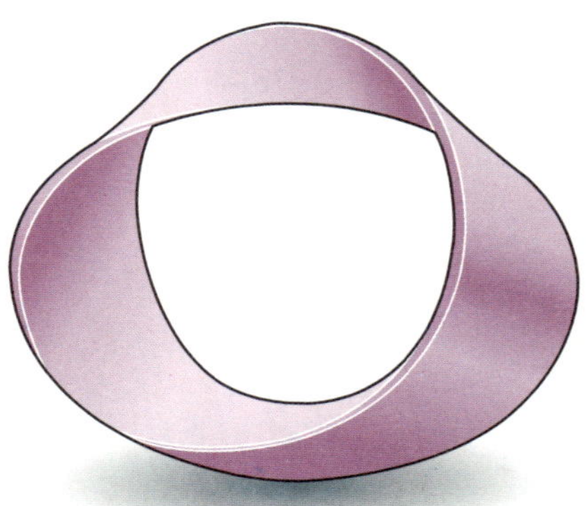

FACT

위상학적인 공간에서는 커피 잔과 도넛은 본질적으로 똑같은 물체이다. 또한 커피와 잼은 같은 위상을 가지고 있다.

수의 아름다움

황금분할 The Golden Mean

방안의 가구를 배치하거나, 그림을 그리며 선과 도형의 구도를 결정할 때 자연스럽게 느껴지는 구도가 있다. 그림은 기본적으로 2차원적이므로 아무리 원근법에 조예가 깊은 예술가일지라도 그림에 그려지는 선과 도형의 패턴이 상당히 중요하다.

시간이 흐르면서 예술가들은 구도에 있어 미관상 더 뛰어나게 보이는 어떤 특정한 구도가 있다는 사실을 알았다.

고전양식 미술에서는 한 부분과 전체의 비율이 완벽하게 조화를 이루도록 하는 것이 상당히 중요한데, 여러 수학자들이 이러한 문제에 관심을 가지게 되었다. 황금분할 Golden mean 은 르네상스 시대의 수학자 파치올리 Lucas Pacioli 가 정의하였는데, 그는 이것이 '신성한 분할법' 임을 주장하였다. 황금분할은 주어진 선분하나를 짧은 부분과 긴 부분으로 나누는데 짧은 부분과 긴 부분의 비율이 긴 부분과 선분전체의 비율과 같아지는 비율을 의미하고 대략적으로 8:13정도의 비율이다. 파치올리는 이것에 대한 논문 「황금비율」 Divina proportione 을 썼는데, 이 논문은 레오나르도 다 빈치 Leonardo da Vinci 에게 영향을 끼쳤다고 한다.

나선 Spirals

삼각형처럼 인공나선 Man made spiral 도 예술 쪽에서 그 기원을 찾을 수 있는데, 특히 켈트족이 쓰던 장식물에서 많이 관찰된다. 나선에 대한 이해를 정립한 첫 번째 수학자는 아르키메데스였고, 그의 이름을 따른 나선의 한 종류가 있다. 아르키메데스의 나선이라 불리는 이 나선의 공식은 $r = a\theta$인데, 여기서 r은 반지름, a는 상수, θ는 회전량(아르키메데스는 '각 위치' Angular position 라 불렀다)을 나타내는 기호이다.

등각나선 Equiangular spiral 또는 로그나선 Logarithmic spiral 이라 불리는 다른 종류의 나선은 17세기 프랑스의 수학자이자 철학자인 데카르트

1995년에 허블망원경으로 관측된 나선은하 NGC4414의 모습, 지구에서 6,000만 광년 떨어져 있다.

Rene Descarte가 발견하였다. 이 특별한 형태의 나선은 자연에서 놀랍도록 흔하게 관찰되는데, 거미집이나 연체동물인 앵무조개의 껍질, 또는 어떤 특정한 꽃들에서도 이 나선을 발견할 수 있다. 자이언트 해바라기에는 두 방향으로 교차하는 나선이 있는데, 시계방향으로 34개의 작은 꽃으로 이루어지는 나선과, 반시계 방향으로 55개의 작은 꽃으로 이루어진 나선이 그것이다.

흥미롭게도 이 두 숫자(34, 55)는 피보나치수열을 이룬다(31쪽을 보라). 우주에 존재하는 굉장히 큰 규모의 나선은 자연에서 볼 수 있는 가장 큰 나선이다.

FACT

지구가 속해있는 은하인 은하수Milky Way 은하는 블랙홀 주위로 자리 잡고 있는 나선형 은하이다. 은하수 은하는 가로질러 10만 광년정도 걸리고, 그 두께가 5,000광년에 달하며, 약 25만 년에 한 번씩 회전한다.

피보나치수열 Fibonacci Series

자연에서도 그 예를 찾아볼 수 있는 수열로 중세 이탈리아 수학자 피사의 레오나르도(피보나치로도 불림)에 의해 1202년에 발견되었다.

'한 쌍의 토끼가 지금으로부터 1개월 뒤 짝짓기를 하여 또 1달 뒤에 한 쌍의 토끼를 낳는다고 했을 때, 1년 후에 토끼는 몇 쌍이 있는가' 라는 문제를 해결하였는데, 한 쌍의 토끼는 1달 뒤 여전히 1쌍이고(1, 1), 2달 뒤에는 1쌍의 토끼를 낳아서 2쌍이 된다.(1, 1, 2) 이런 식으로 계속하여 앞의 두 항을 더해서 새로운 수열을 얻는데, 1, 1, 2, 3, 5, 8, 13, 21, 34, 55 등이 그것이다. 이것을 피보나치수열Fibonacci series이라고 한다.

　놀랍게도 피보나치수열은 자연현상 즉, 꽃잎의 개수, 솔방울의 조각개수(아래 그림에 표시)등에서 관측할 수 있다. 파인애플은 왼쪽방향으로 8열의 나선과 오른쪽으로 13열의 나선을 가지고 있는 특성이 있고, 이것 역시 자연 속에서 발견할 수 있는 피보나치수열이다.

수의 활용
USING NUMBERS

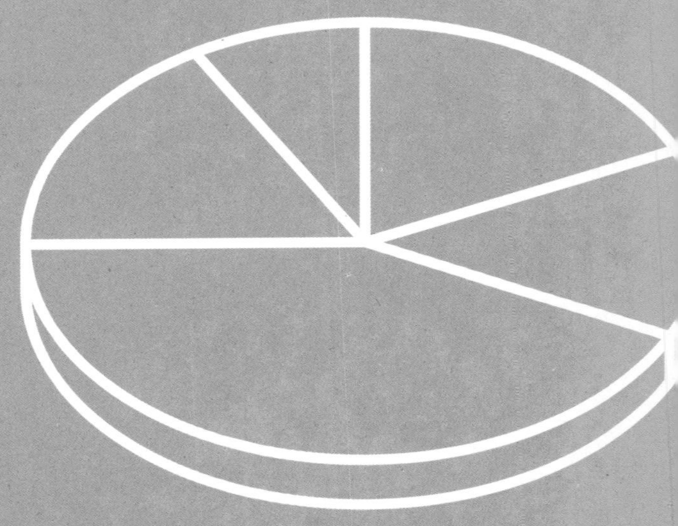

측량제도의 발전

측량을 하는 단위로 처음 사용된 것이 우리 신체의 각 부분들이라는 것은 어떻게 보면 아주 자연스러운 일이다. 예를 들어 큐빗[Cubit]과 같은 단위는 팔꿈치와 가운데 손가락 끝까지의 길이로서 고대 중동지방에서 사용되었다. 비슷한 방법으로 무게를 재는 단위는 사람이나 동물이 나를 수 있는 물건의 양을 기초로 했다. 시간이 흐르면서, 무역이 발달하여 그리스나 로마제국으로 측정제도가 전해지면서 측정제도의 사용법이 서방으로 전해졌다. 중국에서 사용했던 측정제도도 서양의 측정제도와는 독립적으로 발달했지만, 그 시대의 지중해에서 사용하던 측정법과 매우 유사하다.

이집트의 큐빗은 B.C 3000년경에 처음으로 표준화되었다.

바빌로니아의 측정제도

바빌로니아에는 가장 오래전에 사용했다고 알려진 미나[mina]라는 무게측정 단위가 있었다. 또한 히브리 동전으로 알려진 셰켈

shekel이라는 무게측정 단위도 있었다. 그들은 현재 단위로 약 530mm 정도 되는 자기들만의 큐빗 단위를 썼는데, 이는 이집트의 큐빗보다 약간 더 길다. 그들은 또한 카ka라는 부피측정 단위도 썼는데, 이것은 한 변의 길이가 100mm인 정육면체의 부피와 같다.

히타이트, 아시리아, 페니키아, 히브리 지방 사람들은 점점 바빌로니아, 이집트의 측정제도를 받아들이고, 개조하여 사용하였다. 진정한 의미의 측정제도의 통일은 그리스인들이 지중해 무역을 장악하기 시작했던 기원전 1세기부터 이루어졌는데, 이집트식 측정제도를 사용하며 정복을 통하여 영토를 넓힌 로마로 인하여 그리스는 그 세력을 잃게 되었다.

로마군대는 완전무장을 하고 하루에 20마일을 행군하는 능력으로 유명한데, 이런 의미에서 로마의 측정제도에 피트foot라는 단위가 있음은 우연이 아니다. 인간의 발 크기를 뜻하는 피트는 다시 12개의 인치inch로 세분화된다. 5피트는 2페이스pace와 같고, 로마의 1마일은 1,000보폭pace을 뜻한다. 처음에는 이러한 길이 단위를 표준으로 사용하였다.

이집트의 측정제도

이집트인들은 약 기원전 3000년 전 큐빗 단위를 발전시켰다. 이집트 왕족들이 검은 화강암 큐빗을 만들었고, 이후 큐빗 길이의 막대기로 측정하면서 통일된 측정법으로 자리 잡았다.

큐빗은 28디지트digit로 나뉘는데, 디지트는 손가락 폭정도 길이를 뜻한다. 4디지트는 1팜palm이 되고, 5디지트는 1핸드hand, 14디지트는 1스팬span이 된다. 1디지트는 더 세분화되어 분수의 측정단위가 생기게 되는데, 그 중 가장 작은 단위가 ¹⁄₁₆디지트이고, 이것은 다시 표현하면 ¹⁄₄₄₈큐빗이 된다.

이집트인들은 위와 같은, 한편으로 보면 어설픈 측정법들을 사용하여 피라미드를 매우 정확하게 건축하였다.

FACT

이집트의 기자Giza 피라미드는 매우 많은 사람들이 건축에 참여했고 아주 웅장한 크기로 지어졌음에도 불구하고, 각 옆면들의 오차가 0.05퍼센트밖에 나지 않는다.

중세시대 : 파운드Pound, 야드Yard, 스톤Stone

고대 시대를 지나 암흑기를 거쳐 마침내 중세시대가 도래했다. 이 시대에 로마의 측정제도가 이집트, 바빌로니아, 그리스의 영향을 받아 완성되어, 유럽에서 확고히 확립되었다. 아라비아와 스칸디나비아 지방의 측정제도 역시 로마의 측정제도에 영향을 미쳤다. 일례로 무게를 재는 로마단위로써 리브라Libra가 있다. 이것은 파운드 단위를 뜻하며, 그 약자로 *lb*를 쓴다. 또한 로마의 기원을 따른다는 반증이다.

12~13세기에 유럽 전역에서 상인들이 모여들어 사업을 하면서 무역이 발달하였는데, 이는 측정제도의 통일에 큰 영향을 주었다.

1215년 대헌장Magna Carta은 통일된 측정법을 처음 제시하였고, 이는 600년 동안 지속되었다. 이 시대에 3피트와 길이가 같은 야드^{yard} 단위가 나왔다. 이것은 12인치로 더 잘게 나누어지는데, 영국의 스톤^{stone} 단위가 14파운드로 정의된 것처럼 혼란한 면이 있다.(14라는 단위로 효율적인 일을 할 수 있는 사람은 아무도 없다.)

1963년 영국 의회는 미터법을 채택함으로써 중량 및 측정 표준법^{Weights and Measures Act}을 통과시켰는데, 미터법을 쓰는 일은 오늘날까지도 더디게 진행되고 있고, 미터법과 병행하여 옛 영국의 표준 측정단위들을 사용하고 있다.

FACT

중세 시대의 세금징수원들은 주판과 같은 체크무늬 천을 사용하여 누가 무엇을 소유하고 있는지를 조사하였다. 이런 이유로 영국에서 세금을 징수하는 막중한 책임을 가지고 있는 사람, 즉 재무장관^{Chancellor of the Exchequer}이라는 단어에는 체크무늬^{chequered}라는 의미가 반영되어 있다.

프랑스 대혁명 : 미터법의 탄생

1789년 프랑스 대혁명은 온 세상에 꾸준히 많은 영향을 미쳤다. 혁명 과정 중 프랑스는 새롭고 아주 합리적인 측정 시스템을 도입하였다. 1791년 과학자들로 구성된 위원회가 함께 모여 미터법을 확립하기 위한 연구를 시작하였다.

1793년 표준 미터^{meter} 단위가 정의되었고 1799년에 미터, 그램^{gram}, 리터^{liter} 단위의 미터법이 프랑스에 보급되었다. 10진법 계산에 기초를 둔 미터법은 나폴레옹이 점령한 유럽 전역으로 보급되었다. 나폴레옹이 죽은 뒤에도 계속 보급되었고, 1868년에는 일본에서도 미터법을 채택하였다. 미국은 1875년에 미터법 협정을 체결하여 과학적인 목적으로 미터법을 사용하였다.(우리나라는 1963년부터 미터법을 부분적으로 사용해왔으며, 1980년에 건물, 토지까지도 미터법을 사용하게 하였다 : 역주) 하지만 영국은 아직도 옛날 영국의 측정법을 고수하고 있다.

SI 단위

과학과 과학자들은 미터법이 발명된 이후로 과학의 큰 진보를 이루었다는 점을 인정한다. 그러나 이 미터법도 현대 과학이 요구하는 것들을 다루기에 그다지 적절치 못하다는 점도 이야기하고 있다.

1960년 10월, 파리에서 열린 제11차 도량형 총회[General Conference on Weights and Measures]에서 미터법을 교정하는 계획을 세웠고, 그 이후로도 가끔씩 계속 미터법을 수정해오고 있다. 이렇게 교정된 새로운 국제단위계[SI : international system of Units]는 과학의 발전을 이용하여 더 높은 정확성을 가진 측량법을 정의하였다. 더 정확하고 모순이 없는 측량법의 등장으로 대부분의 기존의 미터법은 폐기되었다. SI측량법과 정의는 142~144쪽에 실어놓았다.

시간 측정

인간은 자기를 인식하는 능력 때문에 다른 동물과 구별된다. 우리는 우리가 태어났으며, 계속 살다가 언젠가는 죽을 것이라는 것을 알고 있다. 우리가 이런 생각을 할 수 있는 이유는 시간의 흐름을 인지할 수 있기 때문이다. 시간은 우리의 삶에 깊은 영향을 끼치고 있으며, 단지 우리에게 얼마만큼의 시간이 남았는지를 알기 위해서라도 시간측정의 필요성을 느낀다. 고대 시대에도 거의 모든 사람들은 계절의 규칙적인 변화, 달의 형상, 별과 하늘의 움직임을 알고 있었다. 가장 오래된 시계는 태양과 같은 하늘의 물체들의 움직임을 사용하여 시간의 흐름을 재었다.

해시계 Sundials

가장 오래된 해시계는 기원전 3500년경에 등장하였다. 그노몬 gnomon 이라 불리는 막대기(해시계 바늘)로 해의 움직임에 다른 그림자를 얻어내어 시각을 쟀다. 해시계는 단지 해가 떴을 때만 유용하였고, 해가 비치지 않거나 밤 시간대에는 장식물에 지나지 않았다.

양초 Candles

양초는 꾸준한 속도로 타기 때문에 시간의 흐름을 잴 수 있다. 양초의 옆면에 줄무늬를 그려 넣어 대략 1시간 간격의 시간을 재었다.

진자시계 Pendulum Clocks

진자를 이용하여 시간의 흐름을 조금 더 정확히 잴 수 있다. 진자가 진동하는 속도나 진동의 시작과 오래됨과 상관없이 진자의 한 주기에 걸리는 시간은 항상 같게 되는데, 그 이유는 진자가 느려지면 진동의 길이는 짧아지게 되고, 그때 진자는 빨리 움직이게 되기 때문이다. 이러한 진동의 메커니즘으로 진자가 시계처럼 작동할 수 있는 것이다.

수정^{Quartz} 디지털시계

수정 진동자에 교류전류를 흘려보내면 그 진동자는 1초에 수백만 번 떨린다. 이 진동은 항상 일정하고 이것을 이용하여 시간의 흐름을 측정할 수 있다. 수정 기술은 1930년대와 40년대에 발전하였으며 진자시계보다 시간의 흐름을 측정하는 정확성이 훨씬 뛰어났다.

달의 형상 변화 Phases of the Moon
삭New Moon, 초승달Waxing Crescent, 상현달First Quarter, 차오르는 철월(오른쪽으로 볼록한 달)Waxing Gibbous, 보름달

원자시계 ^{Atomic Clocks}

원자시계는 특정한 원자의 공명 주파수를 이용하여 아주 정확하게 시간의 흐름을 재는 원리를 이용한 시계이다. 원자의 에너지 변화가 규칙적인 진동을 만들고, 그것을 정량적인 방법으로 측정한다.

현재는 세슘^{Cesium}-133 원자가 9,192,631,770번 진동할 때 걸리는 시간을 1초로 정의하여 SI 표준으로 쓰고 있다.

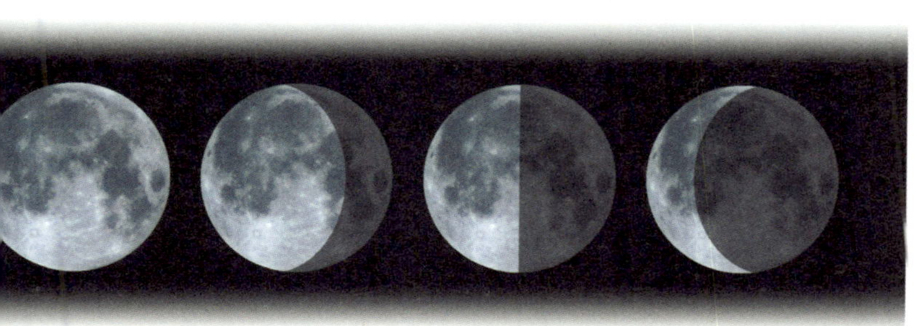

Full Moon, 이지러지는 철월(왼쪽으로 볼록한 달)^{Waning Gibbous}, 하현달^{Last Quarter}, 그믐달^{Waning Cresent}

그리니치 평균시와 세계시

그리니치^{Greenwich} 평균시^{GMT}는 그리니치 천문대를 경도 0으로 하여 계산된다. 이 점을 기준으로 시간을 계산함으로써 다양한 지방시의 혼란을 피할 수 있었다. 원래는 00.00GMT는 정오를 뜻하였으나, 1925년에 자정으로 바꾸었다. 1928년에 국제천문

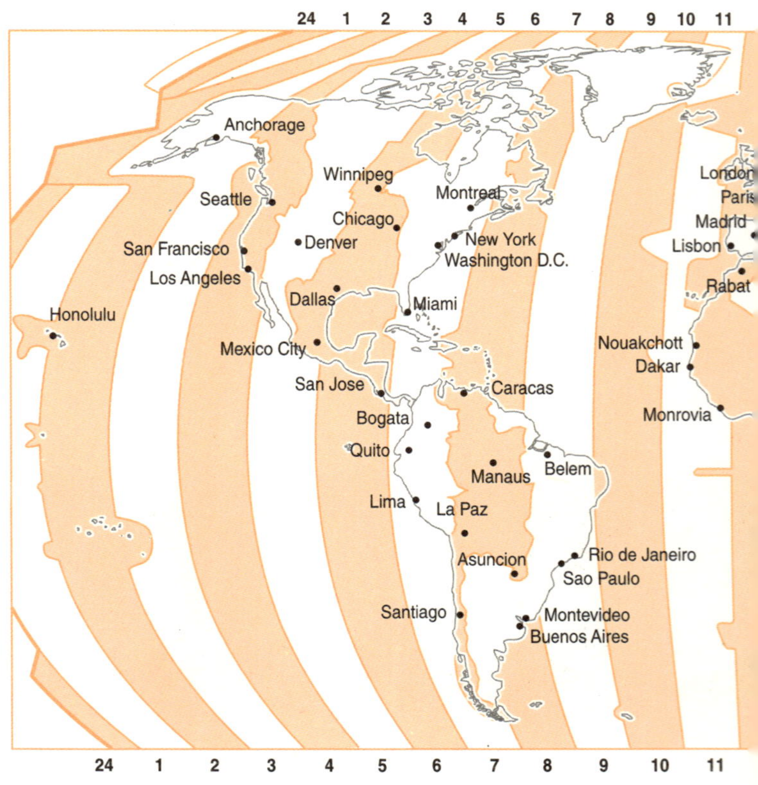

연맹IAU : International Astronomical Union은 그리니치 평균시를 세계시Universal time로 바꾸기로 결정했는데, 실용적인 목적으로 GMT를 이름만 바꾼 것이다. GMT라는 단어는 아직 영어를 쓰는 항해사들에 의해 쓰여 지고 있다.

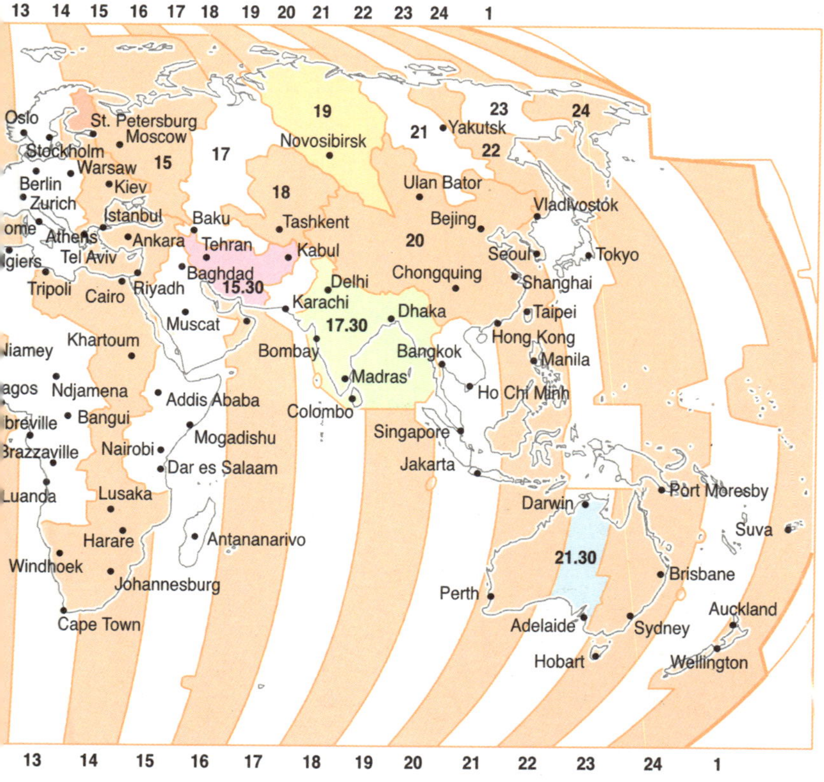

천문학에서 쓰는 측정법

우주는 정말 믿지 못할 정도로 커서, 사실은 비교적 최근까지도 우주를 올바르게 인식할 수가 없었다. 이 방대한 공간을 수학적으로 해석하기 위해, 새로운 측정법의 도입이 필요하였다. 우리는 진공상태에서의(우주의 대부분의 공간은 진공상태이다) 빛의 속도를 알고 있기 때문에 빛의 속도를 이용하여 우주의 거리를 측정하는 방법이 유용하다.

단위	정의
광속	186,012마일/초(299,792km/초)
광년	빛이 1년 동안 이동하는 거리 = 5.878×10^{12}마일 (9.46053×10^{12} km)
AU	지구와 태양사이의 평균거리 92,955,808마일(149,597,870km)
파섹parsec	연주시차 $1''$에 해당하는 거리 = 3.26광년
1 킬로파섹	1,000 파섹
1 메가파섹	1,000,000 파섹

태양계의 행성들 : 태양과 가까운 순서대로, 수성, 금성, 지구, 화성, 목성, 토성, 천왕성, 해왕성, 명왕성

FACT

우리의 태양계 모델을 윔블던 코트^{Wimbledon Centre Court}의 크기에 맞춰 본다
고 가정하자. 즉, 태양은 한쪽 끝에 놓이고 명왕성은 다른 쪽 끝에 놓일 것
이다. 이 때 태양에서 가장 가까운 별^{Proxima Centuri}은 남아프리카공화국의 요
하네스버그에 놓여 질 것이다.

측정 이론

태초부터 인류는 일상생활에서 정확한 측정이 필요하다는 사
실을 알고 있었다. 측정 이론을 가장 먼저 발전시킨 사람은 그
리스 수학자 에우독소스^{Eudoxus}였는데, 그의 업적은 유클리드의
『원론』^{Elements}에 수록되어 있다.

측정제도는 조금씩 향상되기 시작하였고, 지금은 과학적인
측정 제도를 도입하여 원자핵 안의 양성자의 개수를 세는 것부
터 밤하늘 별 밝기등급을 정하는 일까지 많은 영역에 걸쳐 측정
이 이루어지고 있다.

과학적인 측정

원자번호^{Atomic Number}

원자번호는 원자핵 안에 포함된 양성자^{Proton}의 개수로 결정한
다. 예를 들어, 수소의 경우 하나의 양성자를 가지고 있으므로
그 원자번호는 1이다.

원자질량^{Atomic Mass}

원자질량은 원자핵 안의 양성자와 중성자^{Neutron}의 개수로 결정
한다. 탄소^{Carbon}의 경우 6개의 양성자와 6개의 중성자를 가지고
있으므로 원자질량은 12이다.

분자량 ^{Molecular Mass}

상대적 원자질량으로도 불리는 이 양은 탄소원자 질량의 12분의 1 비율로 계산된 질량을 나타내는 값이다. 분자량 ^{Molecular Mass} 을 계산할 때는 분자를 구성하는 모든 원자들의 상대적 원자질량을 구해서 더하면 된다. 대부분의 분자는 적은 개수의 원자들로 이루어져 있지만, 몇몇 분자는 많은 원자들로 이루어져 있기도 하다. 고무의 어떤 분자는 65,000개의 원자로 이루어져 있다.

겉보기 등급 ^{Apparent Magnitude}

지구에서 본 별의 상대적 밝기를 나타낸 측정법이다. 굉장히 밝은 별을 1등급으로 하고 아주 희미한 별을 6등급으로 놓는다.

절대 등급 ^{Absolute Magnitude}

모든 별을 10파섹(32.6광년)이라는 일정거리에 있는 것으로 생각하여 밝기를 재는 측정법이다.

데시벨 ^{Decibel Scale}

데시벨	소리 크기
0	들을 수 있는 소리의 한계
10	작은 속삭임
20	보통 속삭임
20~50	조용한 대화
50	보통 연설
50~65	큰 소리로 하는 대화
65~70	차가 많은 거리
70~90	달리는 기차
75~80	공장
90~100	천둥
110~140	이륙하는 제트비행기
140~190	이륙하는 로켓

데시벨(dB)은 소리의 세기를 측정하기 위해 사용되는 단위이다.

전자기 스펙트럼의 범위

전자기파의 종류	주파수
라디오 전파	~3,000MHz
마이크로파	3,000MHz~3,000GHz
적외선	3,000GHz~430THz
가시광선	430THz~750THz
자외선	750THz~300PHz
X 레이	300PHz~30EHz
감마선	30EHz~

그래프와 차트

파이도표 Pie Chart

파이도표는 데이터를 표시하는 가장 간단한 방법 중 하나이다. 파이 모양의 그림을 선분으로 나누는 방법인데, 각각의 크기는 그 데이터가 표시하는 값을 나타낸다. 파이도표는 한정된 양의 정보를 표시하는 데 유용하다. 예를 들어, '9시에 특정한 채널을 보는 사람들의 연령대' 라는 질문에 대한 답을 파이도표로 표시할 수 있다. 파이 안의 각 값들을 합하면 100%가 나와야 한다.

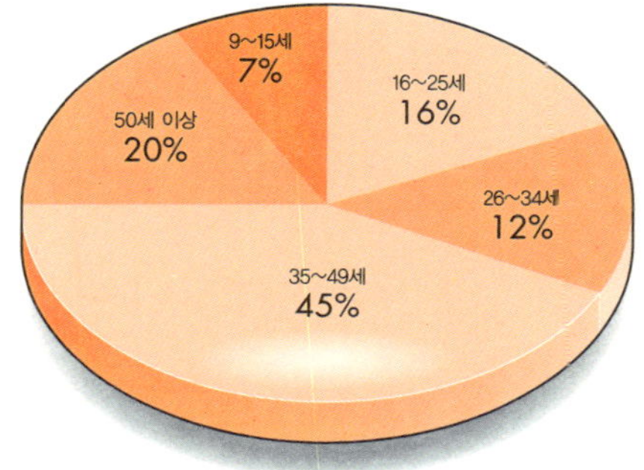

선 그래프 ^{Line Graph}

선 그래프는 파이도표에 비해 약간 더 복잡한데, 그 이유는 축이라는 것을 가지고 있기 때문이다. 주어진 데이터에 다른 정보, 대부분 시간에 관련된 정보를 추가하여 그래프를 그릴 수 있다. 예제의 그래프는 각 달마다 몇 개의 물건이 팔렸나를 나타내는데, 각 자료들을 꺾인 선으로 연결하거나, 선이나 곡선주변에 점들이 모여 있게끔 하여 선 그래프를 그린다.

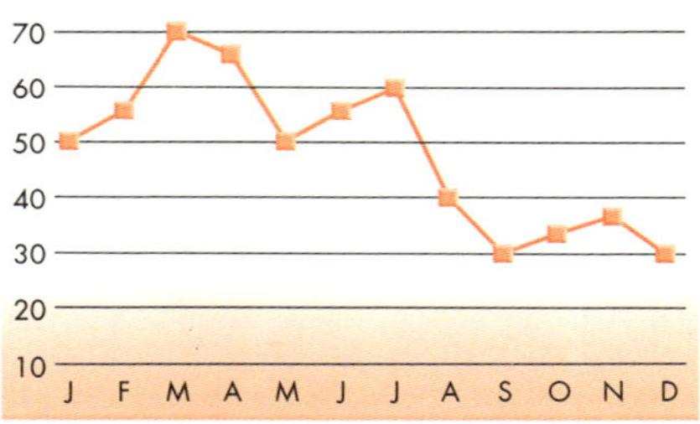

점도표 ^{Scatter Diagram}

점도표는 사실 선이 없는 선 그래프로써, 각각의 정보들을 그래프 상에 점으로 표시해 놓은 것이다. 점들이 집중적으로 많이 모여 있는 영역들을 선으로 연결함으로써 점도표를 선 그래프로 바꿀 수 있다.

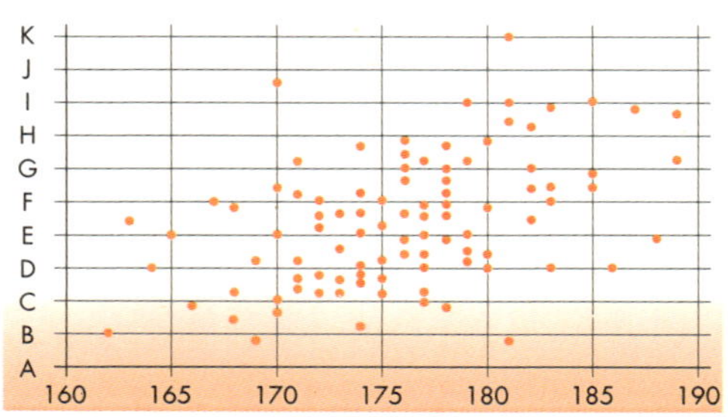

막대 그래프 Bar Chart

막대 그래프는 정보를 그 정보값에 따라 다양한 높이의 막대들로서 표시하는 방법이다. 선 그래프처럼 종종 정규곡선Gaussian curve이 얻어질 때가 있다.(51쪽을 보라.)

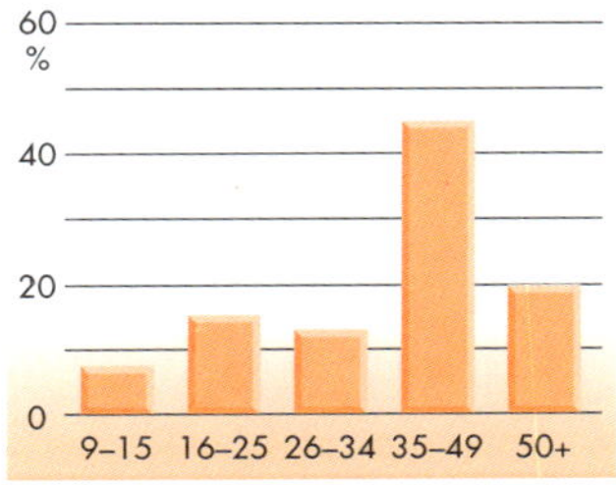

3차원 그래프 3D Graphs

기술의 발전, 특히 컴퓨터와 컴퓨터 그래픽 기술이 발전하면서 3차원 그래프와 도표를 만들기 쉬워졌다. 3차원 그래프를 사용하여 지형을 그릴수도 있을 정도이다. 더 놀라운 사실은 컴퓨터 그래픽을 음파 모니터링에 이용할 수 있다는 것이다. 이것을 이용하여 특정한 순간 시간의 '스냅샷'Snapshot을 살펴볼 수 있고, 음파의 모든 성질들을 표시할 수 있게 된다. 사용자는 음파의

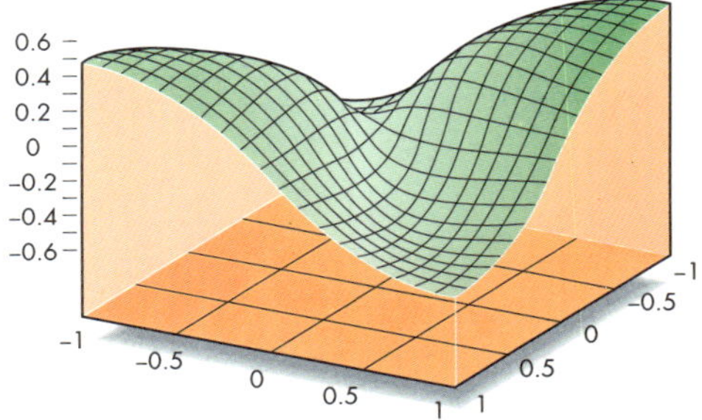

크기와 모양, 그리고 강도를 연속적으로 볼 수 있기 때문에 연속적인 모니터링도 가능하게 된다.

확률과 통계 Probability and Statistics

확률론은 수학의 한 분야로써 가능성과 관계된 이론이다. 리버풀Liverpool이 프리미어리그Premier League에서 우승할 가능성이 얼마나 될까? 자유민주당의 지도자가 차기 영국 수상이 될 가능성은? 사건이 일어날 확률을 연구하는 것이 이러한 질문에 답을 제공해 줄 수 있다. 각각의 경우에 이러한 질문들에 대한 답은 1(반드시 일어나는 사건)과 0(절대 일어나지 않는 사건) 사이에 존재할 것이며 종종 분수나 퍼센트로 표현된다.

통계학은 확률을 수학적 도구로 사용하여 연구하는 학문이다.

통계학은 우선 자료를 모으는 데서 출발하는데, 이 자료들을 분석해서 경향성을 얻어내고 적당한 결과를 예측한다. 종종 이러한 분석의 결과를 그래프나 도표(47~49쪽을 보라)를 이용하여 표현하는데, 이렇게 하면 정보를 이해하기 쉬워진다. 예를 들어 선 그래프를 이용하면 주어진 자료의 대표값이 무엇인지를 알아볼 수 있다. 이 대표값을 평균이라 하는데, 사실 통계학자들이 사용하는 대표값에는 평균만 있는 것이 아니다. 대표값에는 평균, 최빈값, 중위값 이렇게 세 종류가 있다.

평균 Mean

평균은 자료값을 다 더한 결과를 자료의 개수로 나눈 값이다. 예를 들어 어떤 디너파티에서 마신 와인 잔의 개수를 초대 손님 수로 나누면 손님 당 마신 와인 잔의 평균을 얻을 수 있다.

최빈값 ^{Mode}

자료의 집합에서 가장 많이 나타나는 양을 최빈^{最頻}값이라 한
다. 만일 디너파티에 6명의 손님을 초대했고 그 중의 세 사람은
세 잔의 와인을, 두 사람은 반잔의 와인을, 나머지 한 사람이 두
잔의 와인을 마셨다면, 최빈값은 3(잔)이다.

중위값 ^{Median}

중위값은 자료들을 크기 순서대로 배열했을 때 중간에 위치
하는 자료의 값이다. 만일 중간에 두 개의 자료가 위치해 있다
면, 이 두 자료의 평균이 바로 중위값이 된다.

정규곡선 ^{Gaussian Curves}

일반적으로, 평균값 주변으로 데이터의 분포를 보여주는 선
그래프나 막대그래프는 특이한 곡선을 만들어내는데, 이것을
정규곡선이라 부른다. 이 곡선은 평균값과 어떤 편차가 주어지
면 그릴 수 있다.

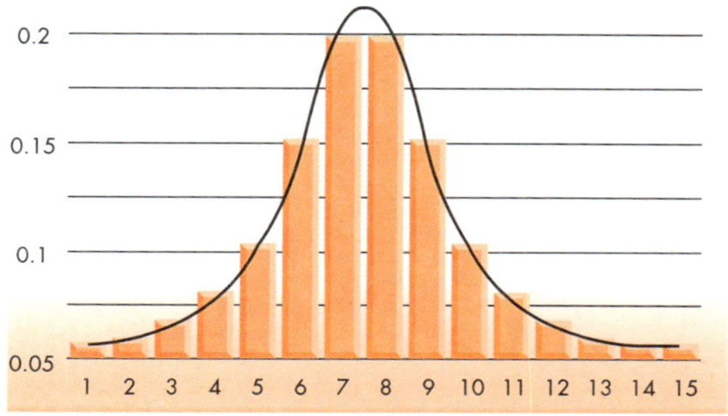

FACT

통계학적으로 15세기부터 2차 세계대전 발발 전까지 일어났던 모든 전쟁에서, 적과 싸워 죽는 것보다 발진티푸스^{Typhus}라는 병에 걸려 죽은 일이 더 많았다.

양말 속의 통계

당신이 직장에 늦는 바람에 아직 양말을 신을 겨를이 없었다고 하자. 당신 앞에 5개의 검은 양말, 3개의 회색 양말, 발목부근에 만화캐릭터가 그려진 양말 2개가 담긴 가방이 있다. 당신은 이 중에서 임의로 양말을 선택한다.

검은 양말, 회색 양말, 만화캐릭터 양말을 선택할 확률은 각각 5/10, 3/10, 2/10이다. 당신이 제일 처음 선택한 양말이 검은 양말이라 하자. 그러면 그 후에 뽑을 때 또 다른 검은 양말을 선택할 확률은 4/9가 된다. 물론 당신은 회색 양말이나, 만화캐릭터 양말을 뽑을 수도 있다. 이 때 확률을 구하기 위해서는 두 사건 각각의 확률을 곱해주면 된다.

주식과 공황

확률은 도박사와 주식 중매인 이 두 집단의 사람들에게 굉장히 중요한 개념이다. 근본적으로 이 두 집단의 사람들은 같은 종류의 게임을 하고 있는 것이다. 경마도박사들은 말들의 경주 기록을 조사하고, 그날의 기수와 경마장 상태 등과 같은 요인들을 생각하여 베팅을 할 지 말지를 결정한다. 주식 중매인도 똑같은 방식의 결정을 한다. 단지 베팅규모가 좀 더 큰 것이고 잘못 될 경우 파멸한다는 차이가 있을 뿐이다.

대수학과 삼각법

ALGEBRA & TRGONOMETRY

대수학^{Algebra}

　대수학은 수학의 한 분야로써 숫자를 포함한 문자 및 기호를 사용하여 다양한 방정식을 표현하여, 그 방정식의 문자 및 기호가 의미하는 값을 찾아내는 학문이다. 보통 상수^{constants}(고정된 값)와 변수^{variables}를 써서 대수적인 표현을 하는데, 예를 들어, 원주의 길이를 구하는 표현은 다음과 같다.

$$c = 2\pi r$$

　여기서, c(원주의 길이)와 r(반지름)은 변수이고, 2π는 상수이다.

　등식의 좌변과 우변은 같은 값을 가진다. 이것이 등호 기호 '='가 뜻하는 바다. 같은 값을 갖지 않는 방정식에 대한 표현으로 '>'는 '보다 크다'를 의미하고, '<'는 '보다 작다'를 의미한다.

FACT
대수학이라는 단어는 9세기 이슬람 수학자 알콰리즈미^{Muhammad ibn-Musa al-Khwarizmi}로부터 쓰였는데, 이 수학자는 『복원^{복원}과 대비의 계산』이라는 책을 썼다. 아라비아 언어로 '복원'이 al-jabr이다.

몇 가지 유용한 정의

　더하기나 빼기를 사용하지 않고 곱하기/나누기만 사용하여 문자와 수를 조합한 대수적 형태를 단항식^{Monomial}이라 한다. +나 −에 의해 분리될 수 있는 문자, 수의 조합을 항^{term}이라 한다.

　두 개의 항이 더해지거나 빼짐으로 이루어진 대수적인 표현을 이항식^{Binomial}이라 한다. 예를 들어 $2m + 3$ 같은 것들이 있다.

세 개의 항으로 이루어진 대수적 표현을 삼항식^{Trinomial}이라 하는데, 예를 들어 $a + b + c$와 같은 것이다.

세 개 이상의 항을 포함하는 대수적 표현을 다항식^{Polynomial}이라 하는데 예를 들어 $a + b + c + d$와 같은 것이 있다.

방정식의 종류

기본적으로 방정식^{Equation}은 $2a - 5 = 27$과 같이 값이 같은 두 개 이상의 부분으로 이루어져 있다. 이차^{Quadratic} 방정식은 다음과 같이 제곱항이 들어 있는 방정식이다.

$$x^2 + 2x - 15 = 0$$

연립^{Sismultaneous} 방정식은 동시에 만족하는 두 개 이상의 등식을 말하는데, 다음과 같이 두 개 이상의 문자의 값을 찾아내는 것이다.

$$2a - b = 5$$
$$3a + 2b = 18$$
$$(즉\ a = 4\ and\ b = 3.)$$

FACT

피타고라스 정리는 피타고라스가 발견했다기보다는 그의 제자 중 한 명이 연구했을 것이 거의 확실하다.

피타고라스 정리 Pythagoras' s Theorem

직각삼각형의 빗변의 길이의 제곱은 나머지 두 변(밑변과 높이) 각각의 제곱의 합과 같다는 것이 피타고라스 정리이다. 이 것을 등식으로 쓰면 다음과 같다.

$$C^2 = A^2 + B^2$$

이 정보를 이용하면, 직각삼각형의 두 변의 길이를 알고 있을 때, 나머지 한 변의 길이를 쉽게 계산할 수 있다.

아래 그림에서, 변 C(빗변)의 길이의 제곱은 다른 두 변 A, B 의 각각의 제곱의 합과 같다. 만일 A의 제곱이 16cm이고, B의 제곱이 9cm이면, 빗변 길이의 제곱은 16cm+9cm 즉, 25cm가 된다. 25cm에 제곱근을 취하여 C의 길이 5cm를 얻을 수 있다.

$$C^2 = A^2 + B^2$$
$$25 = 16 + 9$$
$$C = 5$$

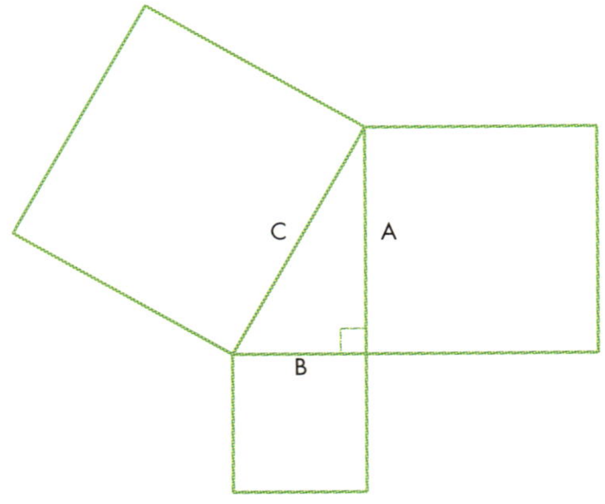

페르마의 마지막 정리 Fermat's Last Theorem

페르마의 마지막 정리는 페르마에 의하여 제안된 이론인데, 디오판토스Diophantus가 저술한 『산수론』Arithmetica이라는 고대 그리스 수학책의 여백에 급하게 갈겨 쓴 형태로 발견되었다. 이 갈겨쓴 내용은 그가 죽은 뒤에 발견되었고 원본은 소실되었지만, 복사본은 페르마의 아들이 저술한 책에 보존되어 있다.

페르마의 마지막 정리는 다음과 같다.

> 방정식 $x^n + y^n = z^n$은 $n > 2$일 때, 0이 아닌 정수근 x, y, z를 가질 수 없다.

페르마 자신도 증명하지 못하였고, 1993년까지 아무도 이 정리의 증명을 할 수 없었다. (1994년 영국 프린스턴 대학 수학과 앤드류 와일스Andrew John Wiles 교수에 의해 증명되었다. 와일스 교수는 이 증명으로 인해 이 정리의 증명을 원했던 독일의 기업가 볼프스켈Paul Friedrich Wolfskehl이 걸어놓았던 상금〈1908년 당시 10만 마르크〉 5만 달러와 함께 볼프스켈 상Wolfskehl Prize을 1997년에 받았다. : 역주)

좌표계 Coordinate system

좌표계는 시공간에 위치한 점을 표현하는 데 있어 유용한 방법이다. 프랑스 철학자 데카르트는 아주 간단한 좌표계를 창안하였는데, 축이라 불리는 두 직선이 서로 직각으로 놓여 있고, 이 좌표계에 숫자들의 순서쌍을 이용하여 점의 위치를 정의한다. 카테시안Cartesian 좌표계 안의 각각의 좌표는 두 개의 숫자로 구성되어 있다. x축(평행선) 좌표와 y축(수직선) 좌표로 점의 위치를 결정한다. 벡터^{Vector}는 크기와 방향을 가지고 있는 직선으로써, 벡터를 가지고 좌표계 안에서 길이와 각을 표현한다.

벡터 좌표^{Vector Coordinates}

특정한 방향으로 특정한 길이만큼 점이 이동하는 것을 벡터라 한다. 지도위에 표시할 때, 벡터는 마치 실생활에서 까마귀가 날아가는 길 같은 것을 의미하는 직선이다. (아래 페이지의) 예제에서 보면, 이동경로가 A에서 시작하여 B에서 끝난다. 그런데 중간에 C점을 경유하고 있다. 실제 이동경로는 점선으로

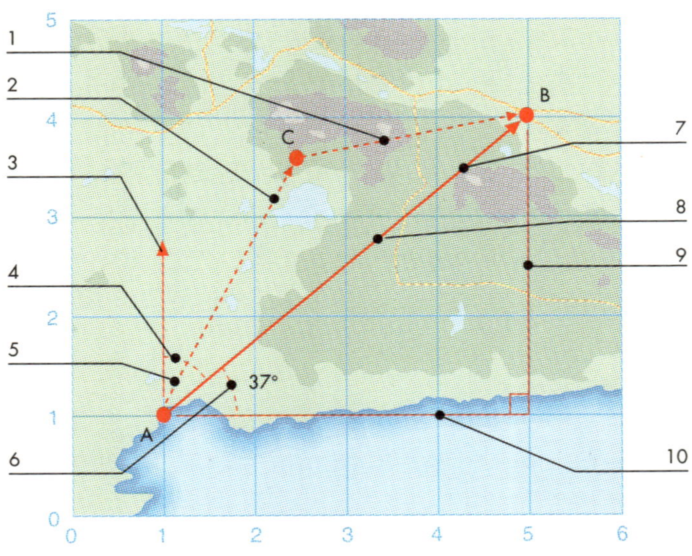

1 벡터 CB

2 벡터 AC

3 북쪽 방향

4 북쪽방향에서 시계방향으로 잰 나침반 각도

5 나침반 각도로 53°(90°-37°)

6 수평선으로부터 잰 벡터의 각도 37°

7 AB의 길이는 피타고라스 정리를 사용하여 구하면 5 이다.

8 6번각의 대변의 길이로, A 와 B의 y좌표의 차이인 3 이다.

9 AC와 BC를 더해 얻어진 벡터 AB

10 6번각을 낀 변으로, A와 B 의 x좌표의 차이인 4이다.

표시되어 있는 것처럼 ACB일지라도 벡터는 AB이다. 벡터 AB
의 크기는 피타고라스 정리를 이용하여 구할 수 있다.

그래프와 함수 Graphs and Functions

수학적인 관점에서, 두 개 이상의 변수의 관계를 함수라 한
다. 카테시안 좌표계에 함수를 그리면 그래프를 얻는데, 이것을
함수의 그래프라 부른다.
다음의 그래프들은 좌표계에 그린 싸인, 코싸인, 탄젠트 함수
의 그래프이다.

Sine

$$\sin \theta = \frac{\theta의\ 대변의\ 길이}{빗변의\ 길이}$$

이 함수를 $y = \sin x$라 쓰고, 그래프를 그려보면 다음의 곡선
을 얻는다.

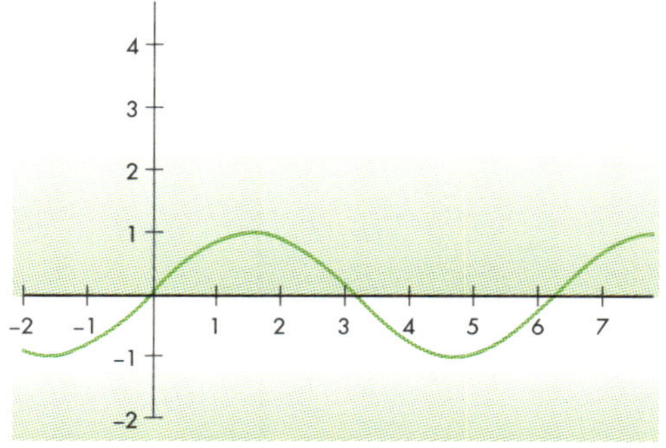

Cosine

$$\cos \theta = \frac{\theta\text{의 낀 변의 길이}}{\text{빗변의 길이}}$$

이 함수를 y = cos x라 쓰고, 그래프를 그려보면 다음의 곡선을 얻는다.

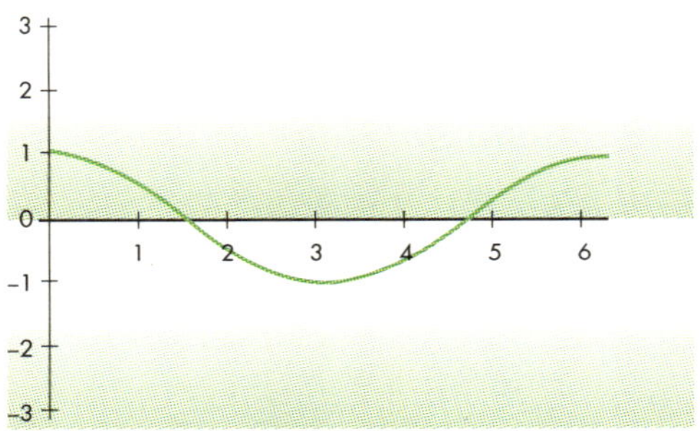

Tangent

$$\tan \theta = \frac{\theta\text{의 대변의 길이}}{\theta\text{를 낀 변의 길이}}$$

이 함수를 y = tan x라 쓰고, 그래프를 그리면 다음의 곡선을 얻는다.

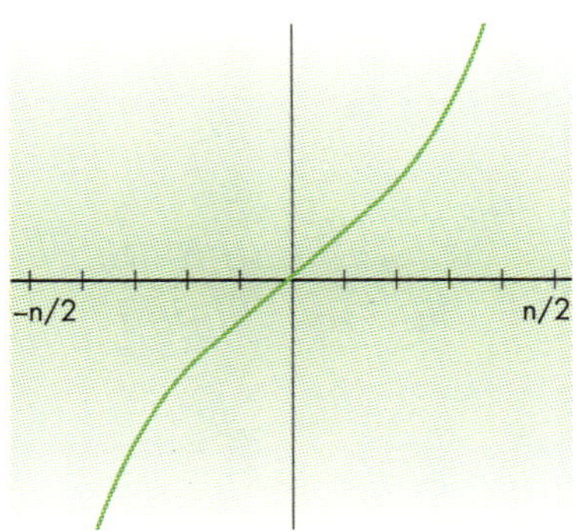

극형식 함수 Polar Function

좌표계의 또 다른 예로, 항상 쓰이지는 않는 극 좌표계를 들수 있다. 극 좌표계는 복소수를 한 점으로 표현하기 위해 쓰인다. 점은 $z = r (\cos \theta + i \sin \theta)$로 표현이 되는데, 그래프는 다음과 같다.

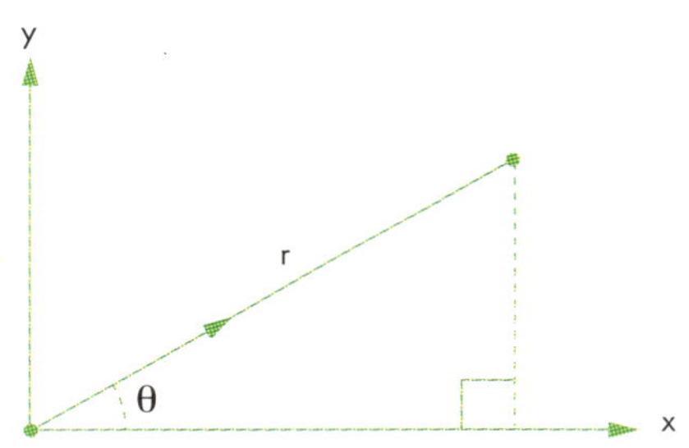

미적분학 Calculus From First Principles

미적분학은 1680년대부터 등장하기 시작한 대수학의 매우 유용한 분야이다. 이 학문은 독일 수학자 라이프니츠[Gottfried Leibniz]와 영국 과학자 뉴턴에 의하여 독립적으로 발전이 되었는데, 라이프니츠에게는 불행하게도 뉴턴이 역사상 최고의 수학자이며 과학자가 되었다. 라이프니츠가 자신의 아이디어를 표절했다고 확신한 뉴턴은 라이프니츠가 죽을 때까지 20년 동안 그를 몰아세웠다.

라이프니츠가 뉴턴의 연구에 영향을 받은 것은 사실이다. 1670년대에 뉴턴의 논문 출판업자인 콜린스[Collins]가 뉴턴의 업적을 라이프니츠에게 넘겨주었다. 비록 뉴턴의 미적분학이 우수

했다 할지라도 라이프니츠가 개발한 수학적 기호가 실제적으로 쓰기에 간결하기 때문에, 현재까지도 이 기호를 쓰고 있다.

'극한' 의 개념 The Concept of Limit

미적분학의 기본적인 원리는 바로 '극한' Limit 이다. 하지만 이 것은 새로 나온 개념은 아니다. 고대 그리스 수학자들 역시 이 개념을 사용하고 있었다. 아르키메데스 Archimedes 가 원의 넓이를 구 할 때 우리가 잘 알고 있는 원 넓이 공식을 쓰지 않고, 정다각형 의 넓이를 연구하는데서 그 방법을 찾아낸 것이다.

그는 원주 안에 정다각형들을 그리기 시작했다. 더 이상 그릴 수 없을 때까지 변의 개수를 늘려가면서 그렸는데, 여기서 원의 넓이를 구하기 위해 '극한' 이 쓰였다. 정다각형의 변의 개수가 많으면 많아질수록, 그 도형이 원과 비슷해지기 때문에 계산이 점점 더 정확해진다. 마침내 그는 반지름의 길이가 r인 원의 넓 이 공식인 $a = \pi r^2$ 을 얻었다.

불규칙적으로 생긴 도형의 넓이를 구할 때도 이와 똑같은 방 법이 쓰이는데, 밑변 곱하기 높이의 넓이를 가지는 직사각형을 이용하는 방법이다. 또한 이 방법은 구나 원뿔체 같은 입체의 부피를 구할 때도 쓰인다.

그러나 미적분학의 진짜 묘미는 넓이나 부피, 그리고 많은 것 들의 정확한 값을 귀찮게 다각형이나 직사각형을 사용하지 않 고, 제도화된 방법으로 구할 수 있다는 점이다. 미적분은 또한, 넓이 같은 고정된 값을 구할 때만 사용하는 것이 아니라 연속적 으로 변하는 양을 계산하는데도 굉장히 좋은 방법을 제공한다.

미분학 Differential Calculus

뉴턴이 자기 머리에 떨어진 사과를 잡아서 던지는 장면을 잠깐 상상해보면, 그 사과는 공중으로 날아가며 곡선을 그릴 것이다.(결국 땅으로 떨어진다.) 우리는 그 사과가 뉴턴의 손을 떠난 직후부터의 속도나 가속도를 미적분을 사용하여 구할 수 있다. 왜냐하면, 아르키메데스가 원의 넓이를 구하기 위해 사용한 다각형 방법과 비슷하게, 미적분은 연속적으로 변하는 양에서 극히 작은 변화량에 대해 연구하는 학문이기 때문이다. 사과가 날아가는 동안의 모든 위치에서 극히 짧은 순간의 변화에 극히 짧은 거리의 변화량이 생긴다는 가정을 하게 되면, 속도와 가속도를 구할 수 있다.

짧은 거리의 변화를 dx라 하고, 그 때의 시간의 변화를 dt라 하면, 사과의 속도 v는 다음의 식을 만족한다.

$$v = \frac{dx}{dt}$$

이 식을 다시 한 번 사용하면 가속도 공식을 얻을 수 있다.

$$\frac{d^2x}{dt^2} = \frac{dv}{dt} = a$$

이러한 계산법을 미분^{Differential calculus}이라 하는데, 미적분학의 근간을 이루는 하나의 축이다.

적분학 Integral Calculus

또 다른 기본으로 적분^{Integral calculus}이 있는데, 날아가는 사과가 그린 궤적이 땅과 이루는 넓이라든지, 주어진 시간에 사과의 위치를 적분학을 사용하여 구할 수 있다.

실제로, 미적분학은 수학의 분야 중 가장 폭넓게 쓰이는 학문일 것이다. 변수들 간의 관계(함수)에 관련하여 미적분학은 지극히 일상적인 생활의 문제를 해결하는 데도 쓰인다. 예를 들어, 열의 원천으로부터 떨어진 거리와 온도의 관계를 계산하여 오븐 문의 어느 지점에 손잡이를 달아야 하는지를 결정하는 문제 등에도 쓰인다. 또한, 콘서트홀의 이상적인 음향에 대해 연구하는 복잡한 공학건설 컴퓨터 모델링 프로젝트 등에도 쓰이는 등 미적분학은 현대 시대에 더 폭넓게 쓰이게 되었다.

각의 성질과 종류

1. 각은 두 직선이 만나는 점에서 얻어진다.
2. 각은 도 단위로 측정하고, 기호로는 °로 쓴다.
3. 1도는 원주의 360분의 1을 나타낸다. 따라서 한 원은 360도를 나타낸다.
4. 임의의 삼각형의 내각을 모두 합하면 180°이다.
5. 수직이등분선은 주어진 선분을 반으로 나누고 이 선분과 직각을 이루는 직선이다.

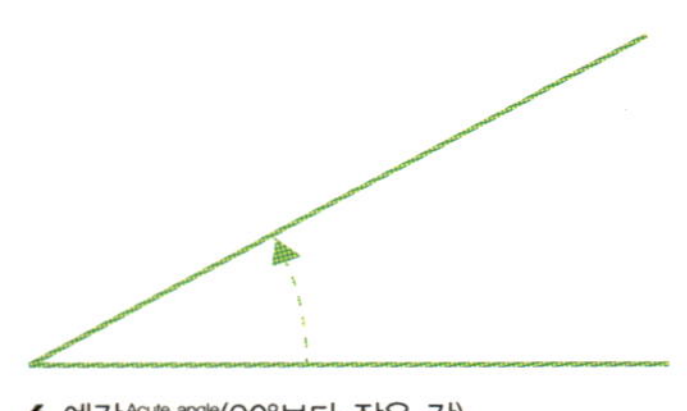

6 예각^Acute angle(90°보다 작은 각)

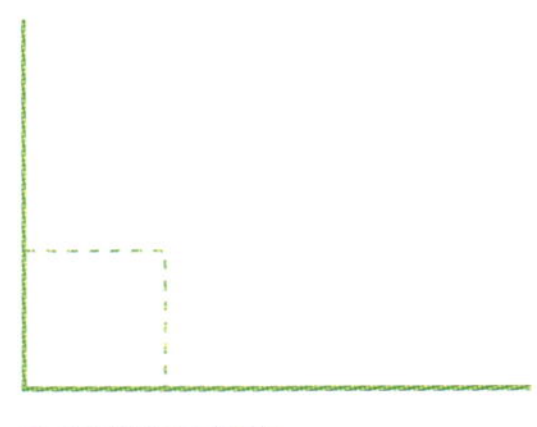

7 직각^Right angle(90°)

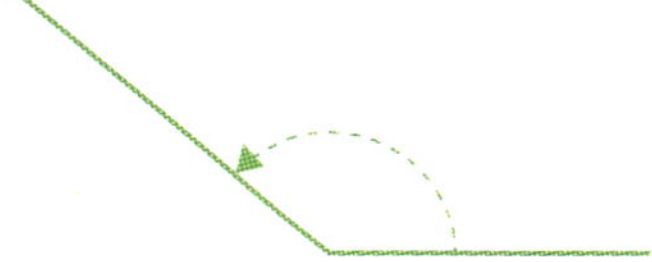

8 둔각^{Obtuse angle}(90°보다 크고 180°보다 작은 각)

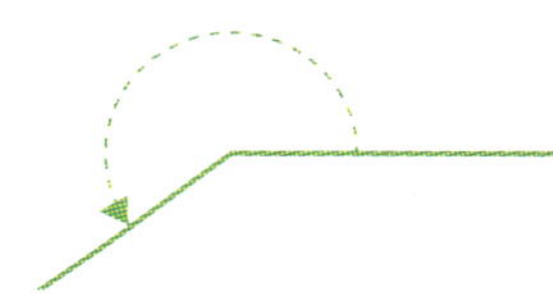

9 우각^{Reflex angle}(180°보다 크고 360°보다 작은 각)

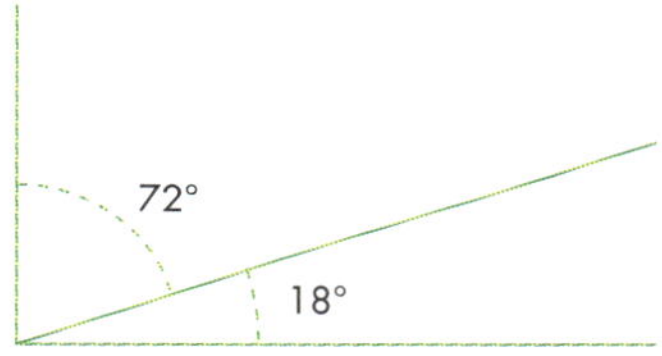

10 여각^{Complementart angles}(더해서 90°가 되는 각)

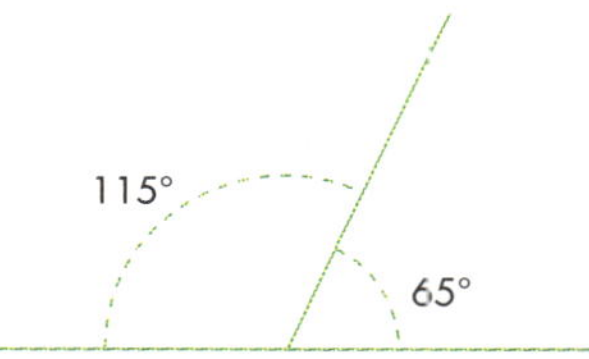

11 보각^{Supplementary angles}(더해서 180°가 되는 각)

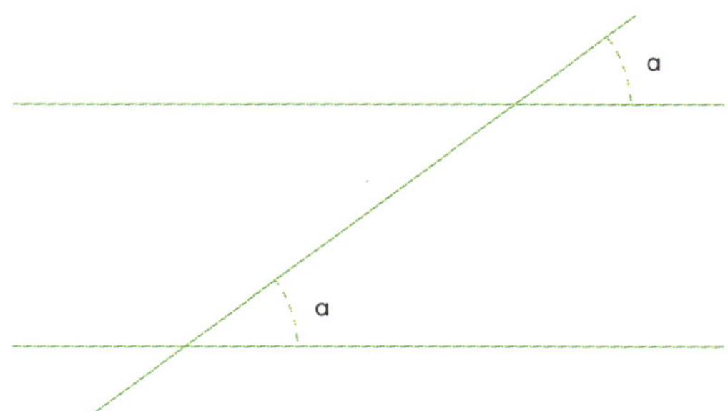

12 동위각^{Corresponding angles}(평행한 선분들 사이에서 같은 위치에 있는 각)은 항상 같다.

FACT

로마 교황청의 예배당에 그림을 그릴 당시, 포프^{Pope}와 미켈란젤로^{Michelangelo}가 진정한 예술적 재능에 대하여 논쟁을 벌였다. 포프가 미켈란젤로에게 예술적 능력을 증명해 보여주라고 요구했을 때, 그는 종이에 펜으로 완벽한 원을 그려 보여주었다.

원의 부분들과 그 성질들

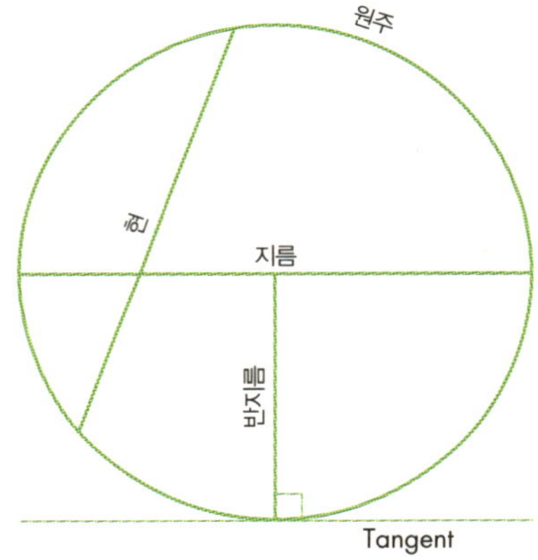

원주Circumference : 원의 둘레

지름Diameter : 원의 중심을 지나며 원을 이등분하는 선분

반지름Radius : 원의 중심으로부터 원주에 이르는 거리

현Chord : 원주 위의 두 점을 연결한 선분

원의 접선 Tangent은 반지름과 수직으로 만난다.

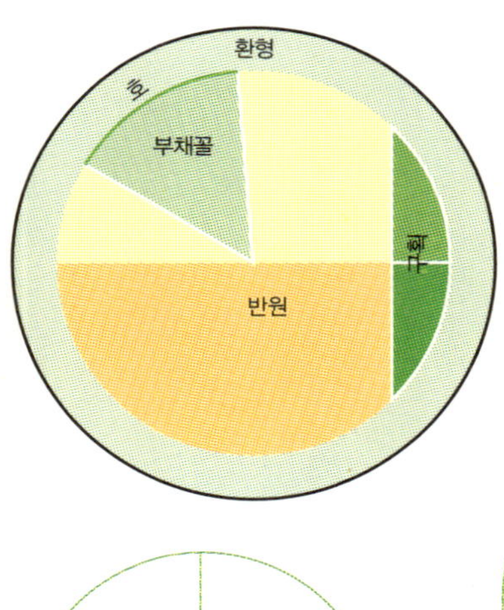

호Arc : 원주의 한 부분

부채꼴Sector : 두 반지름과 호에 의하여 이루어진 원의 한 부분

구획Segment : 현과 호에 의해 이루어진 원의 부분

반원Semicircle : 지름과 호에 의해 이루어진 원의 부분

환형Annulus : 두 동심원 사이의 부분

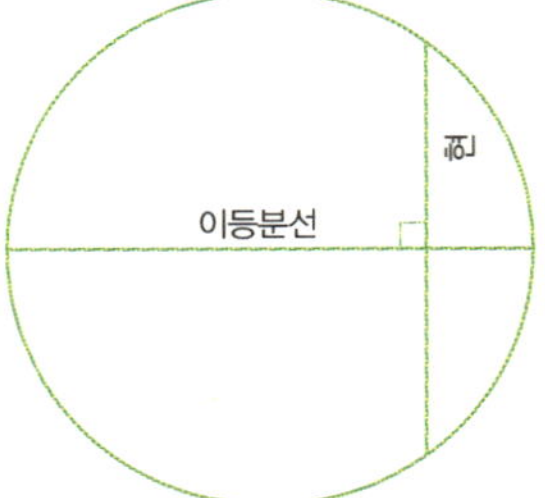

반원을 둘로 나누는 임의의 선분과 반원이 포한한 지름은 항상 직각으로 만난다.

임의의 현의 수직 이등분선은 항상 원의 중심을 지난다.

삼각법^{Trigonometry}

삼각법은 삼각형의 변과 각의 관계를 연구하는 이론이다. 실제로, 건축업자, 측량업자, 공학자, 천문학자, 항해사 등 모든 사람이 삼각형의 모르는 한 변(또는 각)의 길이를 구할 때 굉장히 유용하게 쓰인다.

삼각법 역시 고대 그리스 시절부터 발전해 왔다. 사실 삼각법이라는 단어도 그리스어 Trigonon(삼각형을 뜻함)과 Metron(측정을 뜻함)에 그 기원을 두고 있다. 물론 이집트인들도 한두 가지 삼각형의 성질들을 알고 있었지만, 삼각법의 기초를 다진 사람은 기원전 2세기의 그리스 천문학자 히파르쿠스^{Hipparcus}였다.

삼각형의 종류

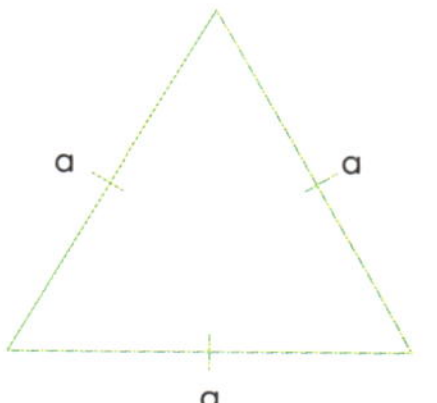

정삼각형^{equilateral triangle} : 모든 변의 길이와 모든 각의 크기(60°)가 같은 삼각형

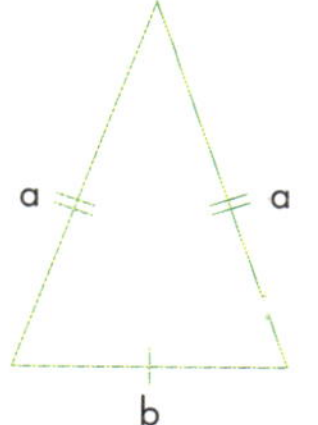

이등변 삼각형^{isosceles triangle} : 두 변의 길이가 같고, 두 각의 크기가 같은 삼각형

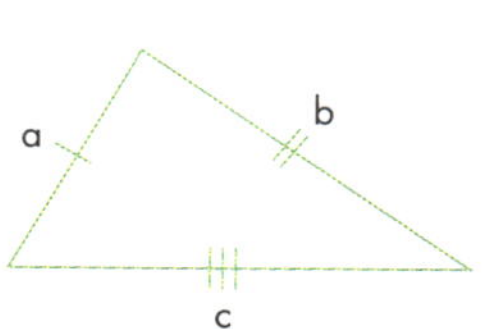

부등변 삼각형^{Scalene triangle} : 모든 변의 길이가 다르고, 모든 각의 크기도 다른 삼각형

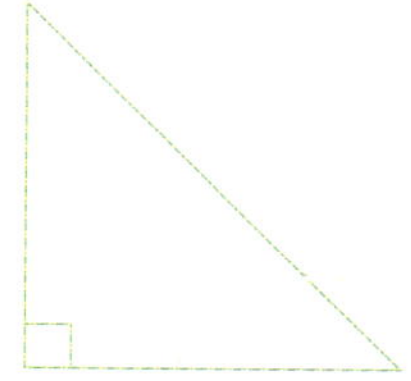

직각 삼각형^{Righr-angled triangle} : 한 내각의 크기가 90°인 삼각형

삼각형의 성질들

삼각형은 세 개의 변으로 이루어진 (2차원)도형으로 내각의 합이 180°이다. 직각삼각형에서, 90°의 대변을 빗변이라 부른다. 각 θ를 마주보고 있는 변을 대변이라 하고, 남은 한 변, 즉 빗변도 대변도 아닌 변을 인접변이라 부른다.

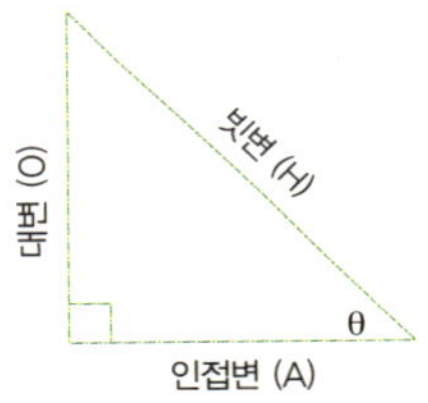

싸인, 코싸인, 탄젠트

Sine (sin) $\theta = \dfrac{O}{H}$

각 θ의 싸인 값은 빗변의 길이에 대한 대변의 길이 비율이다. 수학적으로 다음과 같은 함수로 표현한다.

$$y = \sin x$$

Cosine (cos) $\theta = \dfrac{A}{H}$

각 θ의 코싸인 값은 빗변의 길이에 대한 인접변의 길이 비율이다. 다음과 같은 방정식으로 표현한다.

$$y = \cos x$$

Tangent (tan) $\theta = \dfrac{O}{A}$

각 θ의 탄젠트 값은 인접변의 길이에 대한 대변의 길이 비율이다. 다음과 같은 방정식으로 표현한다.

$$y = \tan x$$

에펠탑의 높이를 어떻게 구할 수 있을까?

위의 내용들을 가지고, 파리의 에펠탑 높이를 계산하여 보자. 탑 기반부 중심으로부터 173m 떨어진 곳에 서서 에펠탑 꼭대기를 올려다 본 각도가 대략 60°라 가정하자. 그림과 같이 탑의 기반부가 직각인 직각삼각형을 그리고 이 점을 B라 놓자. 관찰자가 서 있는 점을 A, 탑 꼭대기를 C라 하면, 다음과 같은 식을 얻는다.

$$\frac{BC}{AB} = \tan 60°$$

탑의 높이인 BC를 구하기 위하기 위해 위 식을 다시 쓰면,

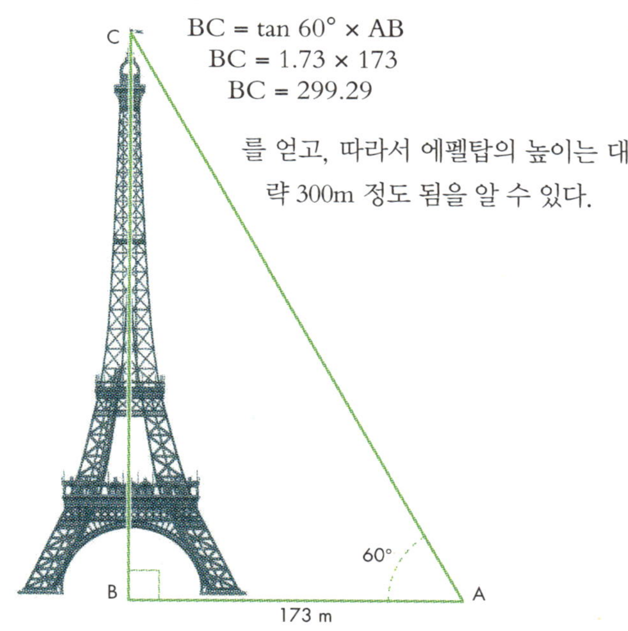

$$BC = \tan 60° \times AB$$
$$BC = 1.73 \times 173$$
$$BC = 299.29$$

를 얻고, 따라서 에펠탑의 높이는 대략 300m 정도 됨을 알 수 있다.

물리와 화학

PHYSICS & CHEMISTRY

힘과 운동 Force and Motion

포프 Alexander Pope 라는 시인이 한번은 다음과 같은 구절을 썼다. '자연과 자연의 법칙은 어둠에 묻혀 있다. 신이 말하길, 뉴턴에게 맡겨라! 그러면 모든 것이 밝게 드러날 것이다.' 아무도 이 구절에 반박하지 못하였다.

17세기 후반부터 18세기 전반까지 뉴턴은 힘과 운동의 법칙에 관한 책을 썼는데, 중력의 법칙을 언급하였고, 아직까지도 널리 쓰이고 있는 운동의 3법칙을 정의하였다. 또한 빛의 성질에 대한 중요한 발견을 하고, 반사망원경을 만들었으며, 미적분학을 발견하였다.

운동의 법칙 Laws of Motion

뉴턴은 1687년에 운동법칙에 관하여 『자연철학의 수학적 원리』 The Mathematical Principle of Natural Philosophy 라는 책을 썼는데, 이 책은 라틴어 제목인 프린키피아 Principia Mathematica 로 더 잘 알려져 있다. 지금까지 쓰여 진 책 가운데 가장 중요한 업적으로, 힘과 운동에 관하여 고찰할 때 유용한 원리를 제공해 주고 있다.

> **뉴턴의 운동 제1법칙**
> 힘이 작용하지 않는 한, 정지되어 있는 물체는 계속 정지해 있고, 움직이는 물체는 일정한 속도로 직선운동을 한다.

첫 번째 법칙의 예로 당구대에 놓여 있는 당구공을 생각해 보자. 큐로 치거나 다른 공과 부딪히거나, 당구대를 기울이지 않는 한 이 공은 계속 서 있을 것이다. 그러나 한 번 움직이기 시작하면, 다른 공에 부딪히거나 쿠션에 맞거나 포켓에 들어가지 않는 한 그 방향으로 계속 움직일 것이다.

> **뉴턴의 운동 제2법칙**
> 정지되어 있는 물체가 움직이는 정도, 또는 움직이고 있던 물체가 진행방향을 벗어나는 정도는 그 물체의 질량과 작용한 힘에 좌우된다.

다른 말로 하면, 어떠한 힘이 작용했을 때 그 물체의 운동이 영향을 받는다.

예를 들어 당구공과 볼링공을 같은 크기의 힘으로 앞으로 밀면, 당구공이 볼링공보다는 좀 더 빠르게 앞으로 나갈 것이다. 한 번 움직이기 시작하면, 볼링공의 진행방향을 바꾸는데 필요한 힘이 당구공의 진행방향을 바꾸는 데 필요한 힘보다 크다.

> **뉴턴의 운동 제3법칙**
> 모든 운동에는 작용과 반작용이 있다.

뉴턴의 제3법칙이 이 세 가지 법칙 중 가장 잘 알려져 있다. 이 법칙을 작용과 반작용의 법칙action and reaction이라 하는데, 만일 어떤 한 물체가 다른 물체에 힘을 가하면 반작용이라 불리는 똑같은 크기의 힘이 반대방향으로 작용한다는 것이다.

달리기 선수가 출발대를 박차고 떠나는 장면을 상상해보면 쉽게 이해가 갈 것이다. 달리기 선수가 출발대를 발로 밀면, 같은 크기의 힘이 반대로 작용하여 선수는 더 빠른 출발을 할 수 있는 것이다.

뉴턴의 운동법칙은 원자모형에까지 적용할 수 있고, 더 나아가 입체를 원자의 집합체라고 생각하여 적용할 수 있다.

행성 운동에 관한 케플러[Kepler]**의 법칙**
1. 모든 행성은 태양을 하나의 초점으로 하는 타원 궤도를 따라 공전한다.
2. 행성과 태양을 연결하는 동경은 같은 시간에 같은 넓이를 휩쓸며 지난다.
3. 행성의 공전주기의 제곱은 공전궤도의 평균거리의 세제곱에 비례한다.

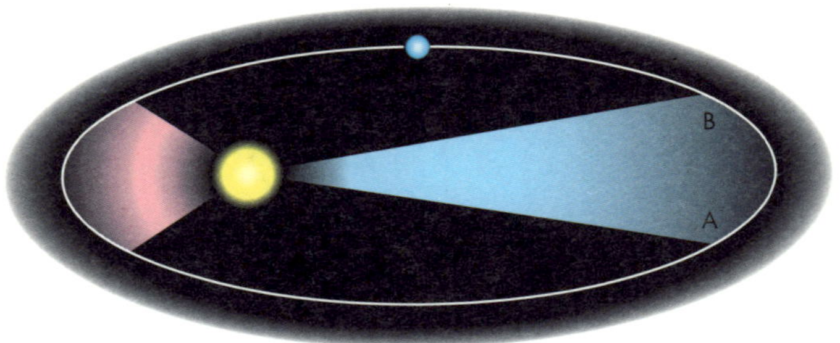

태양을 주위를 타원궤도로 공전하는 행성

케플러는 관찰된 사실들을 바탕으로 위의 법칙들을 만들었고, 이 중 두 번째 법칙은 만유인력[Universal theory of gravitation] 관한 뉴턴의 연구에 큰 영향을 끼쳤다.

뉴턴의 만유인력의 법칙
두 물체의 질량이 크면 클수록, 또 서로 가까우면 가까울수록 두 물체 사이에 더 큰 인력이 작용한다.

케플러의 두 번째 법칙을 토대로, 뉴턴은 두 물체 간에 작용하는 힘의 크기는 세 가지 변수에 의해 결정된다는 것을 알았다. 세 가지 변수는 첫 번째 물체의 질량, 두 번째 물체의 질량, 셋째 둘 사이의 거리이다. 이 관계식은 역제곱 법칙$^{Inverse\ square\ law}$을 따르는데, 두 물체 사이의 인력은 거리의 제곱에 반비례한다는 뜻이다. 예를 들어, 지구가 태양으로부터 지금의 2배 거리만큼 떨어지게 되면 지구와 태양사이의 인력의 크기는 지금의 4분의 1이 될 것이다.

F를 인력의 크기, m_1, m_2를 두 물체의 질량, r을 두 물체의 무게중심 간의 거리라 하였을 때 다음의 만유인력의 법칙이 성립한다.

$$F = \frac{Gm_1m_2}{r^2}$$

여기서 G는 '만유인력 상수' 라 불리는 값이다.

뉴턴의 만유인력에 관한 이론은 20세기 아인슈타인$^{Albert\ Einstein}$이 상대성 이론을 발표하기 전까지 큰 영향력을 발휘하였다.

후크의 법칙

1. 어떤 물체를 변형시킬 때, 변형된 양은 가한 힘의 양에 비례한다.
2. 물체의 변형에 가해진 힘이 사라지면, 그 물체는 다시 원래 모양으로 되돌아온다.

뉴턴이 소년시절이었을 때, 영국의 과학자 후크$^{Robert\ Hoole}$는 지금의 후크의 법칙이라 불리는 탄성의 법칙을 발견하였다. 간단히 말해서 어떤 물체를 너무 심하게 변형시키지 않는 한 원래 모양으로 되돌아온다는 것이다.

후크의 법칙에 따르면, 물체의 탄성적인 성질은 그 물체의 원자 또는 분자의 작은 변위로 설명할 수가 있는데, 이 변의는 원자 또는 분자에 걸려있는 하중과 비례한다.

후크의 법칙은 다음의 관계식으로 표현된다. 여기서 F는 힘이고, x는 변위, k는 상수이다.

$$F = kx$$

에너지의 본질

에너지는 과학자들 사이에 많은 쟁점이 있는 주제이다. 에너지를 이용하는 일들에 대해서는 잘 알지만 에너지가 과연 무엇인가에 대해서 정확히 알고 있는 사람은 없다.

기본적으로, 에너지의 특성 및 작용을 설명하는 두 가지의 모델이 있는데 에너지 변환모델과 에너지 전이모델이 그것이다.

변환모델 Transformation Model

변환모델은 '에너지의 종류'를 설명하는 데 핵심을 두고 있으며, '열에너지' '소리 에너지' '전기에너지' 등에 관하여 설명하는 모델이다. 에너지와 관련된 기본 개념을 설명하기에 굉장히 유용하지만, 예전처럼 잘 쓰이진 않는 개념이다.

전이모델 Transference Model

전이모델은 에너지의 '종류'에 대한 개념이 아니고, 에너지는 존재한다는 사실을 받아들이고, 그것이 전이되고, 저장되며, 보존되고, 소멸될 수 있다는 것을 설명하는 모델이다.

이 모델 안에서는 열은 에너지의 종류가 아니고, 한 시스템에서 다른 시스템으로의 에너지 전이의 결과물로 생각한다.

열과 온도Heat and Temperature

열을 한 시스템에서 다른 시스템으로의 전이된 에너지라 보면, 온도는 에너지 전이가 일어난 전과 후 에너지의 측정량으로 간주할 수 있다.

온도 눈금

온도측정의 방법은 천차만별이다. 두 개의 기준점을 잡고 숫자를 부여함으로써 온도 눈금을 정하는데, 섭씨온도 눈금과 같은 경우는, 물의 어는점과 끓는점을 기준으로 한다. 어는점에는 0°C라는 숫자를 부여하고, 끓는점에는 100°C를 부여한다. 이 기준점 사이를 기본 간격이라 하는데 이를 1°씩으로 나누어 섭씨온도 눈금을 얻는다.

또 다른 온도 눈금으로 화씨온도 눈금이 있는데, 섭씨온도 방법과 비슷하게 물의 어는점 과 끓는점을 기준점으로 삼는데, 기본간격을 100°가 아닌 180° 로 나누는 것이다.

국제 실용 온도 눈금

과학자들이 연구하기에는 섭씨나 화씨 온도측정법은 대부분 적절하지 않기 때문에 국제 실용 온도 눈금이라는 방법이 쓰인다. 이 방법은 열역학적 온도로 16개의 기준점을 설정하는 것이다.(섭씨, 화씨 눈금에서는 2개가 쓰였다.) 열역학적 온도의 기본 단위는 켈빈Kelvin이 쓰이는데, 현대 영국 물리학자 캘빈Kelvin, AKA William Thomson 경에서 그 이름을 따온 것이다.

16개의 기준점은 여러 원소의 삼중점에 기초를 하여 선택하였다. 여기서 삼중점이란 어떤 물체의 기체상태, 액체상태, 고

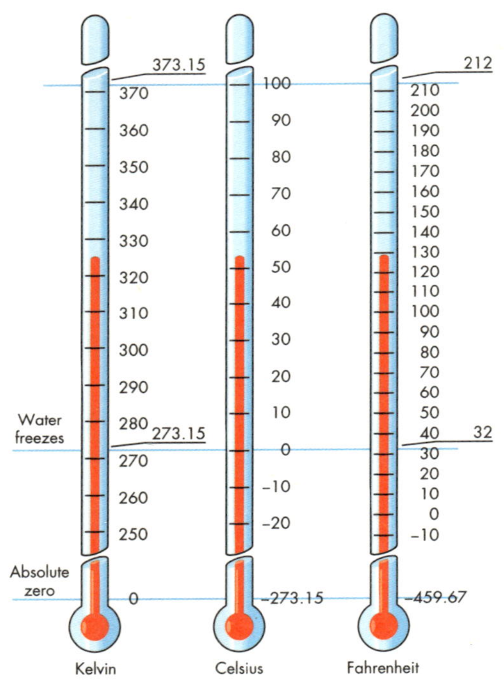

체상태 때의 온도와 압력이 평형을 이루는 상태를 말한다.

압력 Pressure

압력은 어떤 힘이 주어진 면적에 작용하는 비율을 말한다. 뉴턴 Newton 이라는 단위를 사용하여 측정되는데, 압력의 단위는 제곱미터 당 뉴턴이 된다. P를 압력이라 하고, F를 작용한 힘, A를 그 힘이 미치는 영역이라 하면, 다음과 같은 공식을 얻는다.

$$P = \frac{F}{A}$$

고체 Solids

고체 원자나 분자는 액체나 기체의 원자, 분자보다 더 촘촘히 결합되어 있다. 고체가 압력을 받게 되면 압축된다. 온도 또한 고체에 영향을 주는데, 온도가 높아지면 팽창하게 된다.

액체 Liquids

액체의 원자나 분자는 고체상태 보다는 덜 밀집되어 있지만, 기체 상태보다는 더 밀집하여 있다. 액체는 물체에 스며들어 압력을 가한다.

기체 Gases

기체의 원자나 분자는 고체나 액체 상태일 때에 비해 덜 밀집되어 있다. 기체의 원자나 분자는 성기게 배열되어 있기 때문에 고체나 액체보다 더 쉽게 압축된다.

기체의 법칙

기체의 움직임은 다음의 세 가지 간단한 법칙에 의하여 꽤 예측하기가 쉽다. 이 세 가지 법칙을 통틀어 기체의 법칙이라 하는데, 기체의 온도, 압력 그리고 부피 간의 관계를 나타내어 준다.

> **보일 Boyle의 법칙**
> 기체의 부피는 그 압력과 관련이 있다.

이 법칙에는 17세기 영국계 아일랜드 화학자 보일 Robert Boyle 의 이름이 붙었는데, 만약 기체의 압력이 감소하면, 그 부피(공간에 차 있는 양)가 증가한다는 법칙이다. 또한 기체 압력이 증가하면 반대로 그 부피는 감소한다. 즉, 기체의 압력과 부피는 서로 반비례 관계에 있다는 것이 보일의 법칙의 또 다른 표현이다.

> **샤를**Charles**의 법칙**
> 일정한 압력 하에서 기체의 부피는 온도에 의하여 결정된다.

프랑스 물리학자 샤를J. A. C. Charles(1746~1823)이 발견한 이 법칙은 온도가 증가하면 기체의 부피도 커짐을 의미한다. 반대로 온도가 내려가면 부피는 작아진다. 이 법칙으로부터 다음의 법칙이 나온다.

> **압력의 법칙**
> 일정한 부피 하에서 기체의 온도가 증가하면 기체의 압력도 증가한다.

압력과 물의 깊이

물체는 액체 속에 가라앉을 때 압력을 받기 시작한다. 액체의 무게가 물체의 무게보다 덜 나가야 하며, 이때 물체는 가라앉게 된다. 물체가 가라앉을수록 물체 위쪽에 있는 액체의 무게 때문에 압력이 증가하고, 이 압력 때문에 물체는 더더욱 가라앉게 된다.

업스러스트 Upthrust

액체 속에 잠겨 있는 물체에 작용하는 압력은 업스러스트라 불리는 윗방향의 힘을 만들어 내고 이 힘은 이 물체와 부피가 같은 액체의 무게와 같게 된다. 만일 물체에 작용하는 업스러스트가 물체 자체의 무게보다 크면 이 물체는 떠오를 것이고, 작으면 가라앉게 된다.

유체역학 Fluid Dynamics

액체나 기체의 특성은 유체역학이라는 일반적인 범주 하에 속해 있다. 유체역학은 액체나 기체에 작용하는 힘, 에너지에 관한 학문이다. 고전 물리학에서 액체와 기체는 근본적으로 같은 것(유체)이라 생각하였고, 따라서 같은 방정식을 사용하여 관찰하였다. 현재에는 수력학, 항공공학, 화공학을 연구하는데 유체역학이 쓰인다.

전자기학 Electromagnetism

전기와 자기는 전자기라는 힘의 두 분야이다. 자기는 전기를 생성하는 데 사용되고, 전기는 자기장을 만들어내는 데 사용된다.

전기 Electricity

전류 Electric current 는 전자의 흐름에 의해 생긴다. 전자는 구리 같은 전기적 성질을 띤 원자들 사이를 쉽게 이동해 다닌다. 그러면서 원자핵을 돌고 있는 전자들을 밀어내서 옆에 있는 원자로 움직이게 한다. 이렇게 원자사이의 짧은 거리만큼 일어나는 전자의 흐름이 전도체를 통하여 일어나면서 우리가 알고 있는 전류가 발생하는 것이다.

전류의 종류	정의
직류(DC)	전자의 흐름이 한 방향으로만 일어나는 것
교류(AC)	전자의 흐름이 순간순간 바뀌는 것

암페어[Amps]

전류는 암페어 단위로 측정된다. 1암페어는 1초에 6×10^{18}개의 전하가 이동할 때의 전류의 크기이다.

볼트 [volts]

전자를 흐르게 하는 힘을 기전력[Electromotive force]이라 한다. 이 힘은 볼트 단위로 측정하고, 전기회로 안에서 기전력의 양을 전압이라 부른다.

저항[Resistance]

어떤 물질은 다른 물질들 보다 전류가 더 잘 흐른다. 물질이 전자의 흐름을 방해하는 정도를 저항이라 하고, 옴[Ohms]단위로 측정하며 기호는 Ω로 쓴다.

> **옴의 법칙**
> 1. 전류는 전압을 저항으로 나눈 값과 같다.
> 2. 전압은 전류와 저항을 곱한 값과 같다.

독일 물리학자 옴[Georg Simon Ohm]의 이름을 딴 이 법칙은 전류(I), 전압(V), 저항(R)의 관계를 말해주며, 다음과 같은 식으로 표현된다.

또는

$$I = V \div R \ \text{ or } \ V = I \times R$$

전기회로 Electric Circuits

집의 조명장치와 같이 동력원과 부품들을 결합할 때, 전기회로를 만든다. 전기회로에는 직렬회로와 병렬회로 두 가지 종류가 있다.

직렬회로 Series Circuit

직렬회로에서는 동력원과 여러 구성 요소들이 차례로 배열된다. 전류가 각 구성 요소들을 차례로 통과하며 저항을 지나면 그 전류의 세기가 감소한다. 회로의 한 부분이 고장 나면 전류가 끊김으로써 전체회로가 완전히 작동을 멈추게 된다.

병렬회로 Parallel Circuit

병렬회로에서는 구성요소들이 분리된 경로를 통하여 배열되는데, 이는 각 구성 요소 하나하나가 동력원에 직접 연결되었음을 뜻한다. 이렇게 연결된 회로에서는 저항이 작아지는 효과를 가져 오며 한 경로에서 고장이 나더라도 다른 경로에는 영향을 끼치지 않게 된다.

전자기장 Electromagnetic Field

자기는 전기와 같이, 원자내부의 전자의 이동에 의해 발생한다. 철이나 코발트 같은 물질의 원자는 다른 원자들보다 더 자성을 띠고 있다. 이것들을 강자성체 Ferromagnetic 라 한다. 전자들이 원자내부에서 회전할 때, 아주 약한 자기장을 만들어 낸다. 강자성체의 원자들이 서로 모여 힘을 합하면, 훨씬 큰 전자기장 Electromagnetic Field 이 생긴다. 조그만 영역 안에 모여 있는 이 '작은 자석' 을 자구domain라 부른다. 이러한 자구의 배열방법에 따라 다른 강자성체와 끌어당기든지, 밀어내든지 하는 성질을 갖게 된다.

발전기Generator

19세기 전반부에 영국의 과학자 페러데이Michael Faraday는 전자기장 안에서 철사코일을 움직이면 코일 안쪽에 전류가 흐르게 되는 사실을 발견하였다. 이 발견은 지금 우리가 페러데이의 전자기 유도의 법칙이라 부르는 이론의 기본이 되었으며 오늘날까지 전기를 발생시키는 과정에 쓰인다.

전동기Electric Motor

간단한 전동기는 자석의 두 극 사이에 철사코일을 놓은 형태로 이루어져있다. 이 코일에 전류를 흘려보내면 자성을 띠게 되고 둘러싼 자석의 영향으로 밀고 당겨지는 힘에 의하여 코일이 축을 중심으로 회전하게 된다. 코일이 한 방향으로만 회전하도록 정류자Commutator라는 장치를 이용하는데 코일이 반 바퀴 돌 때마다 전류의 방향을 바꾸어 한쪽은 위로 올라가고 다른 쪽은 아래로 내려가 연속적으로 움직일 수 있도록 해 준다. 회전하는 코일에 축Shaft을 부착시켜 이 움직임을 이용해 전동칫솔부터 지하철운행에 이르기까지 많은 것을 가능하게 한다.

전자기 스펙트럼

전자기 스펙트럼은 전자기 방사선이 가지는 파장의 영역을 말한다. 전자기 스펙트럼은 라디오 전파(가장 긴 파장)에서부터 감마선(가장 짧은 파장)을 아우른다.

원소^{Elements}

지구상의 모든 물질은 하나 이상의 원소^{Elements}들의 원자들로 구성되어 있다. 원소란 철, 산소, 금과 같이 한 종류만의 원자로 이루어져 있는 물질을 뜻한다.

원자^{Atoms}

원자^{Atoms}란 원소를 더 이상 쪼갤 수 없는 가장 작은 단위를 말한다. 원자는 양전하를 띤 양성자^{Proton}와 중성자^{Neutrons}로 이루어지는데, 이것을 원자핵^{Nucleus}이라 부르고 이 주위에는 음전하를 띤 전자가 돌고 있다. 전자는 원자의 화학적인 성질을 결정하는데, 전자들을 서로 공유하거나 이동시킴으로써 원자들이 서로 결합하는 방법이 달라진다.

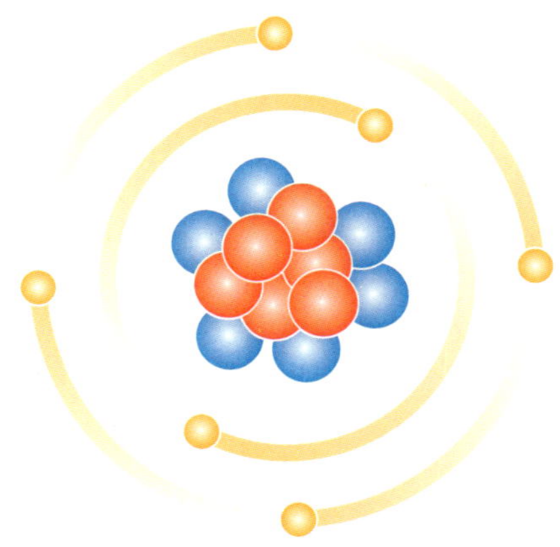

원자핵 안에 양성자와 중성자를 가지고 있고 6개의 전자를 가지고 있는 탄소 원자

이온^{Ions}

원자는 원래 전기적으로 중성인데, 원자들의 화학적인 반응 과정에서 전자가 원자 사이를 움직여 다니며 양성 또는 음성을 띤 물질을 만들게 된다. 이렇게 전하를 띠게 되는 원자를 이온이라 한다. 양전하를 띤 이온을 양이온^{Cation}, 음전하를 띤 이온을 음이온^{Anion}이라 한다.

분자^{Molecules}

분자란 두 개 이상의 원자가 화학적 결합을 통해 생성된 물질이다. 같은 원자들의 결합일 수도 있고, 다른 원자들의 결합일 수도 있다. 원자들은 전자를 '공유'하는 방법을 통해 결합되어 분자를 얻게 된다.

분자는 그 기본적인 성질을 유지할 수 있는 가장 작은 양의 물질이다. 예를 들어 물 분자(H_2O)는 수소 원자 2개와 산소 원소 1개의 결합으로 이루어져 있다. 분자상태에서 물 분자는 물과 관련된 모든 성질을 가지고 있다. 상온에서는 액체 상태이고, 100°C에서 끓기 시작하고, 0°C에서 어는 등의 성질을 유지한다. 그런데 만일 이것을 수소와 산소 원자로 쪼개놓으면 물

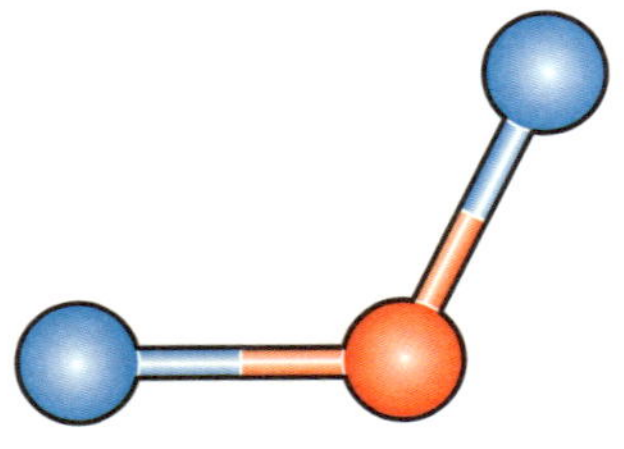

물 분자: H_2O

분자의 성질을 잃어버리게 되며, 상온에서 이 두 개의 원소는 기체 상태로 존재하게 된다.

분자들의 화합물은 화학식에 따라서 얻어진다. 앞에서도 보았듯이 물(H_2O)은 두 개의 수소 원자와 한 개의 산소 원자로 이루어져 있다. 그러면 화학식 H_2SO_4는 어떠할까? 다음의 주기율표에 따르면 이 화학식에 들어 있는 원자는 수소, 황, 산소임을 알 수 있다. 화학식을 왼쪽에서부터 읽어보면, 이 분자는 2개의 수소 원자, 1개의 황 원자, 4개의 산소원자로 이루어져 있음을 알 수 있는데, 이러한 비율로 원자들이 결합하여 황산이라는 분자가 만들어지는 것이다. 여기서 황 원자 1개와 3개의 산소 원자를 빼낼 수 있다면 물을 얻을 수도 있다.

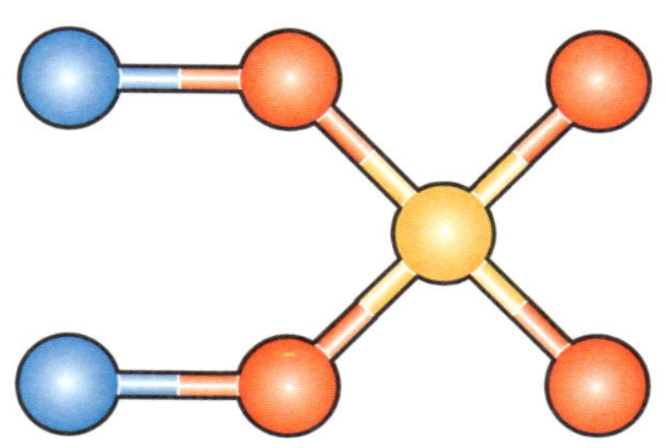

황산분자: H_2SO_4

화합물 Compound

화합물이란 원소들을 일정 비율로 결합했을 때 얻어지는 물질이다.

주기율표^{Periodic Table}

러시아 화학자 멘델레예프^{Dmitri Mendeleyev}가 1869년에 만든 주기율표는 원소들의 반응성과 원자수(원자핵 안에 들어있는 양성자

- 회색 글씨로 써진 원소는 상온에서 액체 상태이다.
- 굵은 글씨로 써진 원소는 상온에서 기체 상태이다.
- 검은 보통 글씨체는 상온에서 고체 상태이다.
- 표 색깔에 따른 원소의 구분: 알칼리성 금속(파란색), 전이원소(옥색), 반금속 및 비금속(자주색), 희유기체(노란색), 란탄계열 원소(오렌지색), 악티니드계열(녹색)

1A	2A	3B	4B	5B	6B	7B		8B
1 **H** $1s^1$ hydrogen 1.008								
3 **Li** $(He)2s^1$ lithium 6.941	**4** **Be** $(He)2s^2$ beryllium 9.012							
11 **Na** $(Ne)3s^1$ sodium 22.99	**12** **Mg** $(Ne)3s^2$ magnesium 24.31							
19 **K** $(Ar)3s^1$ potassium 39.10	**20** **Ca** $(Ar)4s^2$ calcium 40.08	**21** **Sc** $(Ar)4s^23d^1$ scandium 44.96	**22** **Ti** $(Ar)4s^23d^2$ titanium 47.88	**23** **V** $(Ar)4s^23d^3$ vanadium 50.94	**24** **Cr** $(Ar)4s^13d^5$ chromium 52.00	**25** **Mn** $(Ar)4s^23d^5$ manganese 54.94	**26** **Fe** $(Ar)4s^23d^5$ iron 55.85	**27** **Co** $(Ar)4s^2$ colbolt 58.93
37 **Rb** $(Kr)5s^1$ rubidium 85.47	**38** **Sr** $(Kr)5s^2$ strontium 87.62	**39** **Y** $(Kr)5s^24d^1$ yttrium 88.91	**40** **Zr** $(Kr)5s^24d^2$ zirconium 91.22	**41** **Nb** $(Kr)5s^14d^4$ niobium 92.91	**42** **Mo** $(Kr)5s^14d^5$ molybdenum 95.94	**43** **Tc** $(Kr)5s^24d^5$ technetium (98)	**44** **Ru** $(Kr)5s^14d^7$ ruthenium 101.1	**45** **Rh** $(Kr)5s^1$ rhodium 102.?
55 **Cs** $(Xe)6s^1$ cesium 132.9	**56** **Ba** $(Xe)6s^2$ barium 137.3	**57** **La★** $(Xe)6s^25d^1$ lanthanum 138.9	**72** **Hf** $(Xe)6s^24f^{14}5d^2$ hafnium 178.5	**73** **Ta** $(Xe)6s^24f^{14}5d^3$ tantalum 180.9	**74** **W** $(Xe)6s^24f^{14}5d^4$ tungsten 183.9	**75** **Re** $(Xe)6s^24f^{14}5d^5$ rhenium 186.2	**76** **Os** $(Xe)6s^24f^{14}5d^6$ osmium 190.2	**77** **Ir** $(Xe)6s^2$ iridium 192.?
87 **Fr** $(Rn)7s^1$ francium (223)	**88** **Ra** $(Rn)7s^2$ radium (226)	**89** **Ac~** $(Rn)7s^26d^1$ actinium (227)	**104** **Rf** $(Rn)7s^25f^{14}6d^2$ rutherfordium (257)	**105** **Db** $(Rn)7s^25f^{14}6d^3$ dubnium (260)	**106** **Sg** $(Rn)7s^25f^{14}6d^4$ scaborgium (263)	**107** **Bh** $(Rn)7s^25f^{14}6d^5$ bohrium (262)	**108** **Hs** $(Rn)7s^25f^{14}6d^6$ hassium (265)	**109** **M** $(Rn)7s^25f$ meitner (266)

★

58 **Ce** $(Xe)6s^24f^15d^1$ cerium 140.1	59 **Pr** $(Xe)6s^24f^3$ praseodymium 140.9	60 **Nd** $(Xe)6s^24f^4$ neodymium 144.2	61 **Pm** $(Xe)6s^24f^5$ promethium (147)	62 **Sm** $(Xe)6s^24f^6$ samarium (150.4)	63 **Eu** $(Xe)6s^24f^7$ europium 152.0	64 **Gd** $(Xe)6s^2$ gadolin 157.?
90 **Th** $(Rn)7s^26d^2$ thorium 232.0	91 **Pa** $(Rn)7s^25f^26d^1$ protactinium (231)	92 **U** $(Rn)7s^25f^36d^1$ uranium (238)	93 **Np** $(Rn)7s^25f^46d^1$ neptunium (237)	94 **Pu** $(Rn)7s^25f^6$ plutonium (242)	95 **Am** $(Rn)7s^25f^7$ americium (243)	96 **Cm** $(Rn)7s^25$ curiu (247)

~

의 개수로 결정됨)에 따라 보기 편하도록 배열한 표이다. 세로
열로 배열되어 있는 것을 족이라 부르고, 가로 행으로 배열되어
있는 것을 주기라 한다.

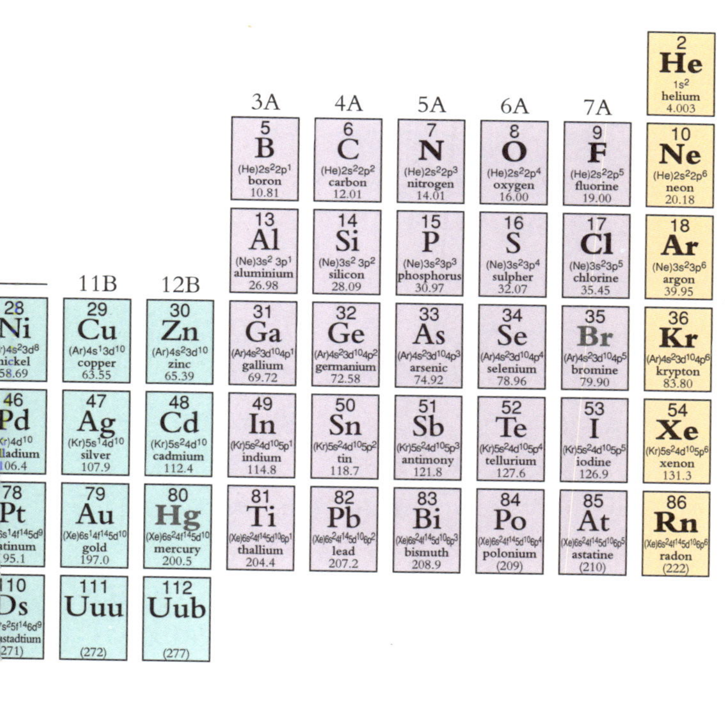

아인슈타인의 상대성 이론^{Theories of Relativity}

상대성에 관한 알버트 아인슈타인^{Albert Einstein}의 이론이 1919년 대중의 주목을 받으면서부터 그는 과학과 수학분야의 대명사가 되었다. 전 세계는 그의 상대성 이론과 이를 성공적으로 증명한 것에 환호했다.

실제로, 거의 모든 사람들이 그 이론이 뜻하는 바를 이해하지 못했고, 믿지도 못했다. 사실, 상대성 이론은 믿기 어려울 만큼 이해하기 어렵지는 않은 이론인데, 우주가 (뉴턴을 포함하여) 우리들이 생각했던 것처럼 움직이지 않는다는 것이 그 이론의 핵심이기 때문이다.

특수상대성 이론^{Special Theory of Relativity}

아인슈타인은 1905년에 특수상대성 이론을 발표했다. '특수' ^{Special}라는 단어가 붙은 이유는, 중력이 없는 진공상태의 공간이라는 '특수'한 상황에서의 물체의 운동에 관련된 이론이기 때문이다.

우선 그는 빛의 속도를 우주의 절대적인 것이라 전제하고 시간과 공간을 포함한 모든 것이(아이슈타인은 '시공간' ^{Space-Time}이라는 개념을 사용했다) 관찰자의 위치에 따라 상대적일 것이라는 생각을 하였다. 이러한 전제로 연구하여 질량, 에너지, 시간에 대해 경이롭고 매혹적인 예상을 하였다.

질량–에너지 등가성^{Mass-Energy Equivalence}

아인슈타인 예상의 주요부분이 바로 질량–에너지 등가성에 대한 아이디어다. 이것이 의미하는 바는 질량과 에너지는 근본적으로 같은 것이고, 하나를 다른 하나로 변환시킬 수 있다는 것이다. 이것이 바로 유명한 E = mc²이라는 식이다.

빛의 속도와 에너지, 질량

어떠한 물체(예를 들어 당신)가 공간속을 더 빨리 가속하여 움직이게 되면, 에너지와 질량은 증가하는 반면에, 그 길이는 움직이는 방향 쪽으로 짧아지게 된다. 간단히 말해 당신이 빨리 움직이면 움직일수록, 더 '무거워' 질 것이고 더 '짧아' 질 것이다.

당신이 만일 빛의 속도에 다다른다면, 당신의 무게는 무한대가 될 것이며, 키는 0이 될 것이다. 물론 이것은 불가능하겠지만, 이는 우주에 존재하는 어떠한 물체도 빛의 속도를 넘지 못한다는 것을 시사해 주고 있다.

관찰자의 기준에서 본 시간의 상대성

상대성 이론의 마지막 예상은 대부분의 사람들이 이해하기 힘든 것이다. 만일 당신이 공간 속을 움직이고 있다면, 당신에게는 시간이 여느 때처럼 가는 것으로 느껴지겠지만, 당신의 기준틀 밖에 있는 관측자에 입장에서는 시간이 느리게 가는 것으로 보인다.

보통 속도를 생각하지 말고 거의 빛의 속도로 움직이는 경우를 생각해보면 더 명백해진다. 이것은 공간뿐만이 아니라 시간조차도 절대적인 것이 아니고 관측자의 기준과 관련되어 있음을 의미한다.

일반 상대성 이론 General Theory of Relativity

뉴턴의 이론에 따르면, 인력이란 공간 속에 멀리 놓은 두 물체 간에 서로 끌어당기는 힘이다. 불행히도, 이것은 빛의 속도

보다 더 빨리 움직일 수 있는 물체는 없다는 상대성 이론과 논리적으로 모순이 있었다. 1915년에 일반 상대성 이론을 발표하면서 아인슈타인은 이러한 문제점을 제기하였다.

일반 상대성 이론에 따르면, 중력장 Gravitational field 이란 질량이 있는 물체주변으로 휘어지는 시공간의 결과물이다. 당신이 매트리스 위에 앉아 있다고 생각해보면 좀 더 쉽게 이해가 된다. 당신의 몸무게 때문에 매트리스가 휘게 되고 파인 부분이 생겨나게 된다. 매트리스 위에 다른 물체가 놓여 있었다면 그것들은 어쩔 수 없이 당신이 앉은 그 지점을 향해 힘을 받아 굴러 떨어질 것이다.

비슷하게, 태양은 시공간이라는 구조에 파인 부분을 생기게 하고, 이러한 이유로 시공간은 휘어지고 왜곡되어 있다. 이 근처를 지나는 행성과 같은 물체들은 이 휘어짐과 왜곡된 방향으로 움직일 수밖에 없다. 아인슈타인에 따르면 이것은 중력이라기보다는 중력의 '효과'를 만들어 낸 것이다. 간략히 말해, 우리가 중력이라고 생각하는 것은 사실은 구부러진 시공간의 결과이다.

E=mc²

위의 식이 인간의 역사에서 대중에게 가장 익숙한 식이라 하여도 아무도 부정하지는 못하겠지만, 이 식이 실제로 뜻하는 바가 무엇인지는 거의 알지 못한다.

첫째로, 항들을 정의할 필요가 있다. $E = mc^2$은 에너지(E)는 질량(m) 곱하기 빛의 속도(c)의 제곱과 똑같다는 뜻이다.

빛의 속도의 제곱은 90,000,000,000,000,000m/s 이기 때문에, 어떤 수에 이 수를 곱하면 굉장히 커짐은 당연할 것이고, 따라서 아주 작은 양의 질량으로도 큰 에너지를 만들 수가 있는 것이다. 이것이 바로 100그램의 양(이것은 일회용 커피 한 잔 정도의 양과 비슷하다)으로 도시 전체를 파괴할 수 있는 핵폭탄을 만들 수 있는 이유다.

아인슈타인은 핵폭탄의 발전에 이론적 배경을 제시했음에도, 그것을 만드는 일에는 직접적으로 관여하지 않았다. 그는 이러한 무기를 생산할 수 있는지에 대해 미국당국에 검토할 것을 요구하긴 했어도(그의 동료 중 몇몇이 독일에 검토할 것을 요구했다는 사실 때문에), 일반 시민들에게 이 무기가 사용되었을 때 굉장히 충격을 받았다. 이러한 경험으로 인해 그는 세계 평화 옹호에 주도적인 역할을 하게 되었다.

FACT

1934년 아인슈타인이 프린스턴 대학의 교수직을 맡기 위해 미국으로 건너갔을 때 언론들은 그를 환영하는 기사와 뉴스를 내보냈다. 아인슈타인은 진취적인 미국학생들로부터 숙제 도움요청을 재치 있게 받아넘기며 계속 교수직을 수행했다.

방사능^{Radioactivity}

불안정한 원자핵은 높은 에너지의 아원자입자$^{Subatomic\ Particle}$를 방출하는데, 이를 방사선^{Radiation}이라 부른다. 몇몇 원자핵은 자연스럽게 이러한 현상이 일어나는 반면 몇몇 원자핵들은 아원자 물

질에 의해 충격이 가해진 후 방사선이 방출된다.(95∼96쪽을 보라)

방사선에는 알파(α), 베타(β), 감마(γ), 이렇게 세 가지 종류의 방사선이 있는데, 이는 물질을 통과하는 능력의 정도에 따라 분류된 것이다. 종종 방사 '선'이라 생각되지만, 사실은 단지 감마선만이 선의 형태로 방출된다. 알파, 베타 방사선은 아원자 입자의 흐름으로 나타난다.

핵의 상태가 변하면서 알파, 베타선이 방출되는데, 이를 방사성 붕괴$^{Radioactive decay}$라 한다. 감마선은 필요이상의 에너지 초과분을 방출하면서 나타난다. 이 3가지 방사선 모두 인체에 유해하다.

알파입자의 특징

알파입자는 두 개의 양성자, 두 개의 중성자, 그리고 양전하를 가지고 있다. 피부를 뚫지는 못하지만 알파입자를 들이 마시거나 삼키게 되면 세포수준에서 변이가 일어나 대개 암을 유발할 수 있다.

베타입자의 특징

베타입자란 원자핵 속의 여분의 중성자가 양성을 띤 양성자로 변할 때 방출되는 전자를 말한다. 방출되는 전자는 음전하를 가지고 날아가게 된다. 베타입자는 피부를 뚫고 들어올 수 있지만 대개의 경우 들이마시거나 삼켜짐으로서 몸속에 들어온다. 베타 입자가 몸 어디에 들어앉느냐에 따라 백혈병과 같은 암을 유발할 수 있다.

감마선의 특징

감마선은 엑스레이$^{X-ray}$와 유사한 전자기 방사선의 일종이다.

피부뿐만 아니라 납, 콘크리트도 뚫고 지나가기 때문에 조심해야 한다. 사람의 몸에 닿으면 이온이라 불리는 전하를 띤 원자로 바뀌는데, 세포조직을 못 쓰게 만든다.

핵분열, 핵융합 그리고 폭탄 Fission, Fusion and the Bomb

특수상대성 이론에서 이미 살펴본 바와 같이 질량과 에너지는 불가분의 관계에 있다. 질량은 핵분열, 핵융합 이 두 가지 중 하나의 방법으로 에너지로 전환된다. 이 전환과정에서 굉장한 양의 에너지가 발생하는데, 이것을 좋은 쪽으로 또는 나쁜 쪽으로도 쓸 수 있다.

핵분열 Nuclear Fission

핵분열은 우라늄-235나 플루토늄-239 같은 동위원소가 여분의 중성자를 흡수하며 불안전성이 높아질 때 일어난다. 이 결과로 인해 순간적인 분열이 일어나고. 더 많은 중성자들이 방출되는데, 이것들은 연쇄반응에 의하여 핵을 더 불안정하게 만든다.

분열과정에서 감마선 형태의 에너지가 나오면서, 엄청난 열을 발생시킨다. 충분한 양의 중성자는 계속 연쇄반응을 일으킨다. 핵폭탄은 연쇄반응이 수백만 분의 1초 사이에 일어나도록 설계함으로써 폭발적인 에너지가 나오도록 고안된 것이다.

핵융합 Nuclear Fusion

핵융합은 핵분열 시 일어나는 연쇄반응의 열을 사용하여 가벼운 핵들을 융합시키는 것이다. 태양에서는 수소핵이 융합하여 헬륨이 되는 과정에서 엄청난 양의 에너지가 발생한다. 태양

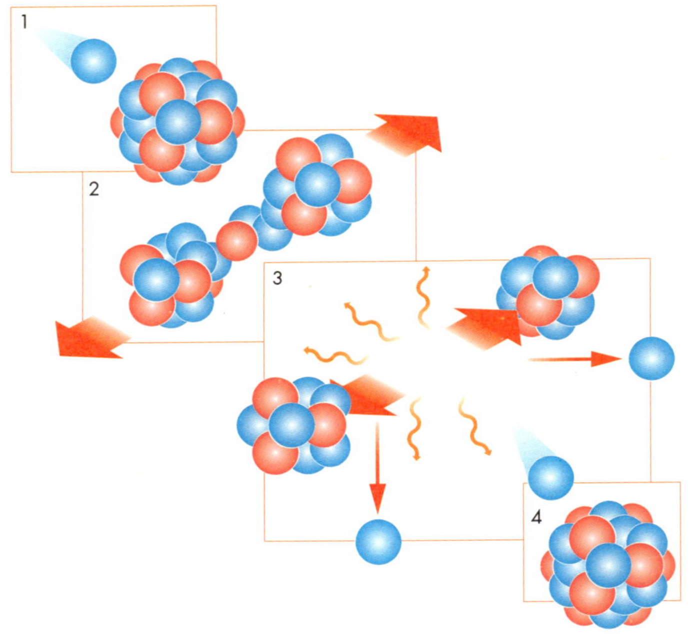

핵분열
1 우라늄–235핵에 중성자가 충돌한다. 중성자를 흡수하여 우라늄–236이 된다.
2 이 물질은 두 개의 비슷한 모양의 핵으로 쪼개진다.
3 분열과정에서 복사에너지와 중성자 몇 개가 방출된다.
4 이 중성자들이 똑같은 과정을 반복하여 다른 핵을 분열시킨다.

이 태양계에 거의 모든 에너지를 공급해 줌에도, 우리는 지구상에 핵융합 원자로를 건설해야 한다. 핵융합 원자로는 상업적으로 거의 무한정에 가까운 전기를 제공해 줄 수 있기 때문이다. 불행히도 원자로를 건설하는데 드는 비용을 현재로선 감당할 수 없다.

그러나 핵융합 실험은 더 작은 규모로 계속 실험되어 왔고, 한 세대 이전에 핵융합에 기반을 둔 전기 발전기가 나올 수도 있다.

> **FACT**
>
> 맨해튼 프로젝트에 의해 가장 처음으로 미국에서 핵폭탄이 발명되었다. 이 무기를 테스트할 당시, 몇몇 과학자들은 세상을 파괴할 수 있는 핵분열의 연쇄반응에 공포감을 느꼈으나, 어쨌든 폭탄을 터뜨렸다.

아원자 입자 Subatomic Particles

알다시피, 만물은 원자로 구성되어 있다. 원자는 더 이상 쪼개질 수 없는 가장 작은 단위였지만, 지난 100년 동안 과학자들은 원자가 더 작은 아원자입자 Subatomic Particle 로 구성되어 있음을 발견하였다.

전자 Electrons

가장 흥미로운 아원자입자는 역시 전자이다. 전자는 세 가지 주요 아원자입자 중 가장 작다. 전자는 음전하를 띤 물질로서 원자핵 주변을 전자궤도 Orbit 라 불리는 불규칙한 패턴으로 거의 빛에 가까운 속도로 돈다(전자궤도를 핵의 중심부를 둘러싼 껍질로 생각해도 된다). 에너지를 얻으면 더 준위가 높은 껍질로 전자가 이동하고, 에너지를 잃으면 준위가 낮은 껍질로 떨어지게 된다. 전자는 원자핵 주변에서 음전하를 띤 모호한 구름덩어리처럼 보이기 때문에, 주어진 시간에 정확히 어디에 위치해있는지를 예측하기가 불가능하다.

양성자 Protons

만일 원자 중심부를 들여다 볼 수 있다면 단단히 묶여 있는 핵을 볼 수 있다. 핵은 원자의 대부분을 차지하고 있고, 일반적

으로 양성자와 중성자로 구성되어 있다.(수소원자의 경우에는 1개의 양성자로만 이루어져 있다)

양성자는 전자의 1,836배의 질량을 가지고 있다. 또한 양전하를 띠고 있으며 음전하를 띤 전하와 똑같은 개수이기 때문에 원자는 전기적으로는 중성을 띠게 된다. 전자와 양성자 사이에 끌어당기는 힘이 작용하므로 원자를 함께 구성할 수 있는 것이다.

FACT

어떤 원자의 양성자와 중성자를 테니스 공 크기라 생각해보면, 전자는 핀의 머리부분만한 크기를 가지고 있고, 원자의 전체적인 크기는 약 몇천 미터에 달할 것이다.

중성자 Neutrons

중성자는 이름에서도 알 수 있듯이 전기적으로 중성이다. 중성자의 질량은 전자 질량의 1,839배이다. 양성자와 같이 원자의 중심부에서 발견할 수 있다.

쿼크 Quarks

원자의 중심부를 이루는 양성자와 중성자도 쿼크라 불리는 세 개의 더 작은 물질로 이루어져 있다. 양성자와 중성자에는 두 가지 종류의 쿼크가 있는데, 업쿼크 Up Quark 와 다운쿼크 Down Quark 가 그것이다.

끈 이론과 양자루프 String Theory and Quantum Loops

입자 물리학자들이 최근에 많은 관심을 갖는 분야로써, 새로운 발견이 거의 매일 나오고 있다. 현재까지 약 200종의 아원자

입자들이 존재한다고 생각되는데, 이것들 중 기껏해야 몇 개만 대충 알고 있는 실정이다.

전자와 같이 더 작은 성분으로 이뤄질 수 없는 입자들을 소립자$^{\text{Elementary Particle}}$라 한다. 그러나 몇몇 과학자들은 이러한 입자들조차도 초현^{Superstring}이라 불리는 양자루프$^{\text{Quantum Loop}}$ 타입의 단위로 이루어져있다고 생각한다. 초현은 입자에 비해 극히 작으며 우주의 실제 구조를 이루는 것으로 생각되고 있다. 만일 이것이 사실이면 우주 만물을 설명할 수 있는 이론이 될 것이다.

우주론의 간략한 역사

우주론^{Cosmology}은 천문학의 한 분야로써 규모가 큰 대상들을 탐구하는 학문이다. 우주론은 우주의 기원, 성질, 규모에 대한 이론이며 '우리는 이 우주에 어떻게 있을까?' '우주에는 어떤 상황이 벌어지고 있나' '얼마나 오랫동안 우주는 존재하는가' 라는 질문의 답을 찾는 이론이다.

우주론은 약 기원전 3000년 전에 '고안' 되었다. 바빌로니아인들은 처음으로 밤하늘을 조직적으로 연구하기 위해 우주론을 발전시켰고 이 과정에서 몇몇 별자리도 알아낼 수 있었다. 그리스에서는 기원전 400년경에 우주론이 발전하였는데 아리스토텔레스^{Aristotle}는 지구가 둥글다는 사실을 밝혀냈고, 에라토스테네스^{Eratosthenes}는 지구 지름의 근사치를 구하는 등의 업적을 남겼다.

프톨레마이오스의 우주론

기원후 2세기 정도에 톨 프톨레마이오스^{Ptolemy}는 지구 중심의 우주 모델을 제시하였다. 물론 말도 안 되는 이론이지만, 코페르니쿠스^{Nicolas Copernicus}가 지구를 비롯한 다른 행성들은 태양 주위를 공전한다는 사실을 밝혀냈던 16세기 때까지 천동설은 사실로 받아들여졌다. 코페르니쿠스의 아이디어를 연구하여 지동설을 증명한 갈릴레오^{Galileo}는 화형에 처해질 뻔도 하였다.

태양 중심 우주론 ^{Heliocentric Universe}

17~8세기의 망원경의 발명은 우주에 대한 이해도를 높이는 데 많은 기여를 하였고, 20세기에 들어서는 지구는 태양 주위를 공전하는 작은 바윗덩어리 정도라는 것을 깨닫기 시작했다.

허블의 법칙 ^{Hubble's Law}

미국 천문학자 허블^{Edwin Hubble}은 안드로메다 성운을 관찰하기 시작하면서, 우주가 얼마나 광대한가를 어렴풋이 이해한 첫 번째 과학자다. 성운이 얼마나 멀리 떨어져 있는 가를 관찰하였는데, 안드로메다 성운은 너무 멀리 떨어져 있어서 은하수은하^{Milky Way Galaxy}의 일부가 아니고, 은하수은하로부터 200만 광년 떨어진 개별 은하임을 알아냈다.

다른 성운들에게도 관심을 가지면서, 그 중 많은 것들 역시 은하임을 발견하였는데 이 은하들은 우주의 큰 규모에 대해서 다시 한 번 느끼게 해 줄 정도로 굉장히 멀리 떨어져 있었다.

1920년대 후반 허블은 이 은하들의 별에서 방출되는 빛을 연구하기 시작했다. 기대와는 달리, 빛의 파장이 빛의 스펙트럼의 붉은 쪽으로 쏠리는 현상이 발생했다. 이러한 효과를 적색편이^{Red Shift}라 하는데, 이는 은하가 굉장한 속도로 멀어지고 있음을 뜻하는 것이었다. 즉, 우주가 팽창하고 있다는 뜻이다. 더욱이 은

하가 우리로부터 멀수록 더 빠른 속도로 멀어지는 것도 발견하였다. 이 법칙을 허블의 법칙이라 부른다.

허블상수

허블이 발견한 허블상수$^{Hubble's\ Constant}$는 은하의 멀어지는 속도와 우리로부터 떨어져 있는 거리의 비율로 정의된다.

빅뱅 이론$_{Big\ Bang\ Theory}$

우주의 기원에는 여러 다양한 이론이 있는데 현재 천문학자 사이에서 주요 이론으로 채택된 것이 바로 빅뱅 이론이다. 모든 물질-에너지, 시공간을 의미하는 우주가 약 150억 년 전에 특이점이라 불리는 점과 같은 상태에서 대폭발이 일어나 탄생하였다는 이론이다. 대폭발 1초 만에 우주의 크기가 2×10^{18}km이 되었고, 지금까지도 계속 팽창하고 있다.

이 이론은 1927년 벨기에 천문학자이며 성직자인 르메르트$^{Georges\ Lemaitre}$가 처음으로 제안하였다. 그는 태양보다 약 30배 큰 고밀도 달걀모양의 물체로부터 우주가 시작되었다고 생각했는데, 이 물체를 그는 '최초 원자 우주 달걀'$^{Primal\ Atom\ Cosmic\ Egg}$이라 불렀다. 이 이론은 비록 르메르트의 '최초 원자 우주 달걀'이 너무 크긴 했지만, 허블의 팽창 우주론에 대한 증거로써 적합했다. 그러면 빅뱅 이론 자체의 증거는 무엇일까?

물리학자 가모프$^{George\ Gamow}$는 빅뱅으로부터 발생한 마이크로파가 우주의 제일 멀리 떨어진 곳으로부터 우리에게 닿을 것이라는 예상을 하였다. 1964년 펜지아스$^{Arno\ Penzias}$와 윌슨$^{Robert\ Wilson}$은 우주배경복사를 발견하였고 1992년 COBE(Cosmic Background

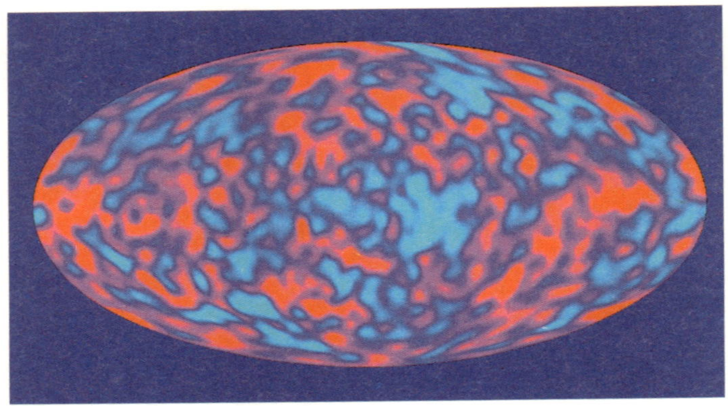

빅뱅의 증거를 보여주는 은하수의 마이크로파 이미지

Explorer)가 하늘의 마이크로파 지도를 만들어냈는데, 이는 빅뱅 이론을 뒷받침하는 더 구체적인 증거가 되었다.

정상 우주론 Steady State Theory

몇십 년 동안 우주의 기원에 관한 빅뱅 이론은 정상 우주론이라 불리는 다른 이론에 의해 도전을 받아왔다. 영국 천문학자 호일 Fred Hoyle 이 처음으로 주장한 이 이론은 우주는 시작도 없고 끝도 없을 것이라는 주장이다. 더욱이 우주가 팽창은 하지만, 20년에 한 번씩 1리터의 공간에 수소원자 1개가 생겨나는 비율(이 양은 연구실에서조차 잴 수 없는 양이다)로 새로운 물질이 생겨나기 때문에 밀도는 항상 일정하다는 주장이다. 정상 우주론은 1964년 우주 배경복사(빅뱅 우주의 증거물)가 발견되면서 치명적인 타격을 입었다.

FACT

영국 천문학자이며 정상우주론을 처음 제안한 호일[Fred Hoyle]은 1950년 처음으로 그의 강의노트에서 "빅뱅"이라는 표현을 썼는데, 이는 빅뱅 우주론을 폄하하기 위해서였다.

FACT

당신이 라디오를 들을 때 항상 빅뱅 이론의 증거를 느낄 수 있다. 라디오 채널을 돌릴 때 나는 칙칙하는 소리가 사실은 빅뱅의 증거물이다.

막 이론[Brane Theory]

막 이론(Brane은 membrane의 약자이다)은 우주의 성질과 관련된 새로운 아이디어다. 이 이론은 중력의 성질을 양자 수준으로 설명하겠다는 데서 시작하였다.

우주를 지배하는 4가지 근본적인 힘(뒷페이지 글상자를 참고) 중 중력은 가장 약한 힘이다. 이러한 사실 때문에 몇몇 과학자들은 다음과 같은 질문을 한다. "중력이 정말로 약한 힘인가? 아니면 우리가 인지하지 못하는 차원을 가로질러 작용하는 힘이기 때문에 그렇게 보이는 것인가?"

막 이론[Brane Theory]에 따르면, 막이라는 것이 3차원 입체를 분리하는 2차원 표면인 것처럼, 4차원(3차원 공간과 1차원 시간)이 사실은 더 높은 차원을 가진 공간의 막이라는 것이다. 이 더 높은 차원은 우리가 이해하기 난해한데 왜냐하면 우리나 근본적인 힘들(중력을 제외한)이 막 안에 갇혀 있기 때문이다.

만일 이러한 이론이 정말로 사실이라면, 왜 중력이 약한 힘처럼 보이는지가 설명될 것이다. 근본적으로 우리가 이미 알고 있는 4차원에 아마 더 있을 것으로 추정되는 7차원이 합쳐진 11차원에서 작동하는 중력은 그 효력이 약해진다는 것이다.

> **우주를 지배하는 4가지 근본적인 힘**
> 1. 전자기력
> 2. 중력
> 3. 약력
> 4. 강력

물질장Matter Fields

막 이론을 뒷받침 해줄 만한 증거가 있는데, 우주는 몇 개의 막의 상호작용으로부터 시작했을 것이라는 가능성을 시사하고 있다. 최근에는 암흑물질Dark Matter이 많이 회자되고 있다. 이것은 실제 관측되지는 않고 중력을 통해서만 확인되는 물질이다. 우주의 90퍼센트 이상이 이 물질로 구성되어 있다.

막 이론은 이러한 물질장이 사실은 또 다른 막의 존재를 알려주는데, 이것은 우주의 구조에 영향을 주고, 은하수은하가 뭉쳐 있게 해준다.

다시 살펴보는 무한대의 의미

한 때 우주는 무한히 크고 무한히 오래되었다고 생각했다. 그런데 빅뱅 이론을 살펴보면 이 우주는 시작점이 있었다. 만일 우주가 무한히 크다고 가정한다면 올버스의 역설Olbers's Paradox이라

　불리는 문제가 생긴다. 우주가 무한히 크다고 가정하면, 우주 공간의 모든 곳곳에서 오는 별빛을 우리는 볼 수 있어야 하는데 실제로 그렇지 못하다는 것이 이 역설의 내용이다.

　알다시피 별들은 밤에만 관측되는데, 만일 하늘에 무한개의 별들이 있다면, 밤하늘 역시 낮처럼 밝아야만 한다는 것이다.

　아인슈타인은 우주를 다시 정의하였는데, 그 크기가 무한대인 것이 아니라 사실은 아직 한정되지는 않은 유한한 크기를 갖는다고 하였다. 이해를 돕기 위해 우주를 굉장히 큰 공이라 생각을 해보자. 공 위의 어떠한 방향으로 걸어가든지 간에, 당신은 여전히 크기가 유한하지만 끝나지 않는 공의 표면위에 있을 것이다.

컴퓨터와 디지털화

COMPUTER & DIGITISATION

컴퓨터와 디지털화

계산기 Calculating Machines

주판 Abacus

주판은 가장 처음 등장한 계산기이며 아마도 기원전 500년 경 중국에서 발명이 되었을 것으로 생각된다. 주판의 숨겨진 원리는 간단한다. 10진법을 사용하고 주판알로 숫자를 표현하였으며 그것들이 놓인 배열로 값을 계산하였다.

가장 윗부분에서부터 계산을 시작하는데, 윗열에 놓여있는 주판알은 1의 자리를 표현한다. 그 아랫열은 10의 자리, 또 그 아랫열은 100의 자리 등으로 수를 표시한다. 또 다른 형태의 주판은 체크무늬 천위에 마커를 이용하여 수를 표시했는데, 모든 다른 면들은 구슬과 줄로 이루어진 형태의 주판과 닮았다.

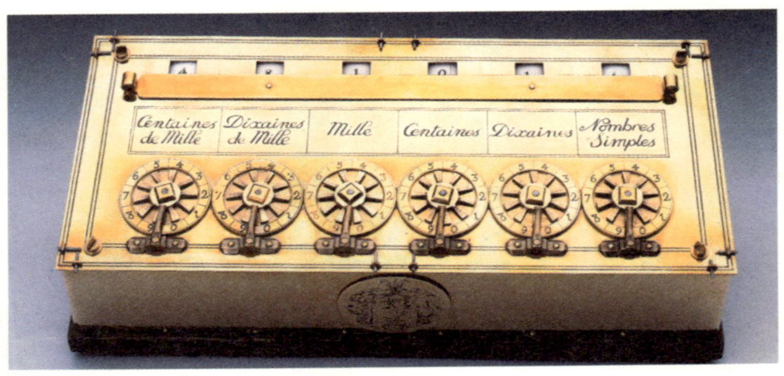

17세기 파스칼 계산기

파스칼 계산기

처음으로 기계식 계산기가 발명된 것은 1623년으로 천문학자 케플러Johannes Jepler의 친구였던 시카드Wilhelm Schickard에 의해서였다. 불행히도, 이 계산기가 남아 있는 것이 없으므로 1642년에서 1645년 사이 프랑스 과학자이며 철학자인 파스칼^{Blaise pascal}에 의해 만들어진 덧셈용 계산기를 가장 처음으로 만들어진 기계적 계산기로 봐야할 것 같다.

이 계산기는 톱니바퀴가 맞물려 돌아가며 8자리 숫자까지 더하기나 빼기를 계산하도록 고안되어 있다.

라이프니츠의 계산기

미적분학의 발견으로 명성을 얻은 라이프니츠^{Gottfried Leibniz}는 1673년에 좀 더 향상된 계산기를 만들었다. 이 계산기는 파스칼의 계산기에 비해 훨씬 정교하고, 덧셈과 뺄셈을 할 수 있을 뿐만 아니라 곱하기, 나누기, 제곱근의 계산까지도 가능하였다.

자카드 직물

현대 컴퓨터 등장의 가장 중요한 단계로써 프랑스인 자카드^{Marie Jacquard}는 1804년에 자동화 직기^{織機}를 발명하였다. 옷감의 무늬를 넣을 때 펀치카드(천공카드)를 사용하였는데, 이것이 바로 카드에 저장된 데이터를 제어하고, 기계가 그 데이터를 이용하여 작업하는 효시가 되었다.

해석기관

자카드 직물이 발명된 30년이 지나, 영국의 발명가 베비지^{Charles Babbage}는 인류의 첫 번째 디지털 컴퓨터를 생각해내었다. 해석기관^{Analytic Engine}이라 불리는 장치였는데, 이것은 산술적 계산이 가능하고, 간단한 '의사 결정'을 할 수 있었다. 이 장치는 현대 컴퓨터의 대부분을 이루는 중앙처리 장치, 원시적인 메모리, 데이터

부울 논리의 예제

1 AND – 모든 항이 존재하는 영역을 표시한다.

검색 문장의 예 : 기름 AND 물 AND 오염

자료 검색 결과 : 기름, 물, 오염 모두를 포함한 문서

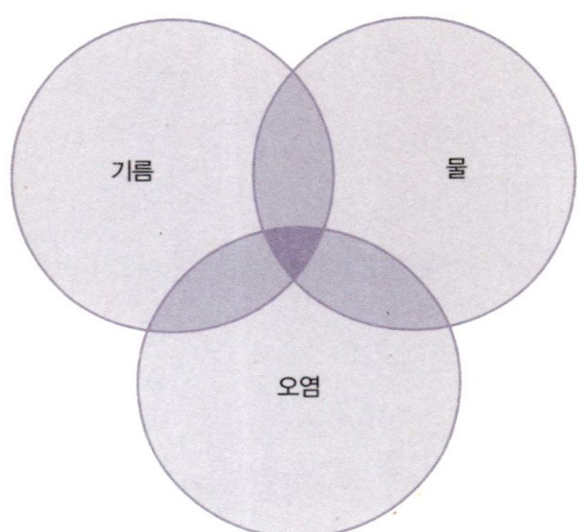

2 OR – 항들 중 하나라도 포함된 영역을 표시한다.

검색 문장의 예 : 크림 OR 치즈 OR 우유

자료 검색 결과 : 크림, 치즈, 우유 중 한 개 이상의 항이 포함된 문서

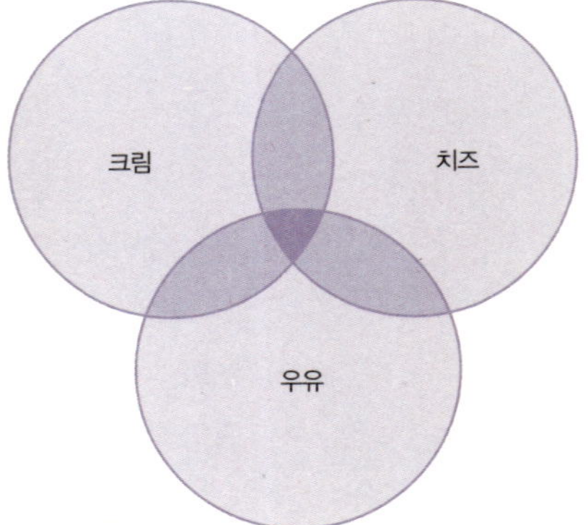

3 NOT – 첫 번째 항은 포함하고 두 번째 항은 포함하지 않는 영역을 표시

검색 문장의 예 : 잡지 NOT 신문

자료 검색 결과 : 잡지라는 항은 포함되고 신문이라는 항은 포함하지 않는 문서

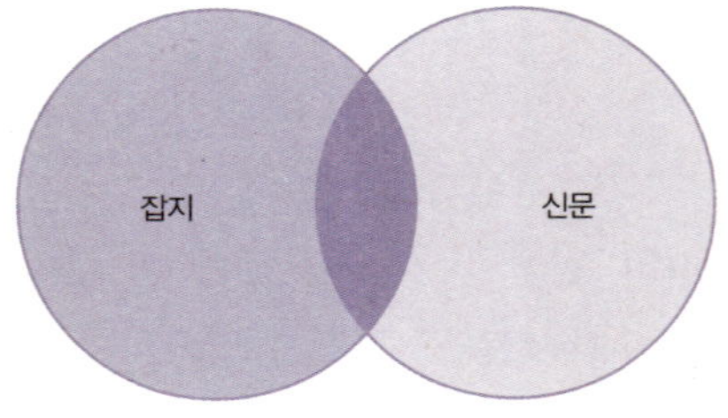

입/출력 시스템(자카드의 천공카드), 순차 제어를 처음으로 갖추고 있었다. 불행히, 베비지의 이 발명품은 그 시대 기술력의 한계와 자금력의 부족으로 인하여 실패하고 말았다.

부울의 논리 Boolean Logic

베비지가 기술력 때문에 고전하고 있을 때, 또 다른 영국사람 부울 George Boole 은 새로운 종류의 대수학을 창안하였고, 수학적인 이론에 따른 논리를 정의하였다. 부울의 논리는 'AND' 'OR' 'NOT' 이렇게 간단한 연산자와 현대 컴퓨터의 트랜지스터 회로에서 널리 쓰이고 있는 '언어'인 이진체계를 사용하였는데, 이 시기가 트랜지스터가 처음 발명되기 100년 전임을 감안할 때 굉장히 놀라운 일이다.

지금까지 살펴본 시대까지, 바야흐로 컴퓨터 시대에 접어들었다고 할 수 있다. 여태까지 복잡한 수학 계산을 위해 이진체계로 이루어진 규모가 큰 계산기들을 살펴보았는데, 이제 우리가 알아볼 것은 그것이 어떻게 전기적으로 작동하며, 다루기 쉬운 규모로 발전하는 가다.

첫 번째 전자 컴퓨터와 트랜지스터

첫 번째 전자 컴퓨터는 1943년 잉글랜드에의 블레츨리 파크 Bletchley Park 에서 발명되었다. 2차 세계대전 당시 독일군의 암호를 해독하기 위해 고안된 이 컴퓨터는 진공관을 사용해서 만들어졌는데, 너무 크고, 너무 뜨거웠으며, 그다지 신뢰성도 없었다. 4년 뒤인 1947년 미국 벨연구소의 바딘 Bardeen, 브래튼 Brattain, 쇼클리 Shockley 는 첫 번째 트랜지스터를 개발하였다.

컴퓨터 시대

트랜지스터의 발명은 컴퓨터 시대를 열었다. 트랜지스터를 사용하여 더 작고, 더 대중적이고, 성능이 더 좋아진 컴퓨터를 개발할 수 있었다. 사람들의 입에서 '컴퓨터 시대'가 열렸다는 말이 오르내리기 시작하였다. 1951년에 세상 최초의 상용 컴퓨터 Ferranti Mark 1이 팔리기 시작하였다(이 컴퓨터는 진공관으로 구동되어서 그런지 8대 밖에 팔리지 않았다).

1958년부터, 트랜지스터를 사용한 컴퓨터가 등장하였고, 처음으로 실업계 쪽에서 쓰이기 시작하였는데, 이전까지는 정부기관이나 대학기관에서만 사용하였다.

BASIC 코드

1963년에 DEC(Digital Equipment Corporation)사는 첫 번째 소형 컴퓨터를 내놓았다. 1964년에는 BASIC(Beginner's All-purpose Symbolic Instruction Code) 언어가 등장하였는데, 컴퓨터 프로그램을 쉽게 할 수 있도록 해줌으로써 순식간에 유용한 언어로 자리 잡았다.

집적회로 칩

컴퓨터 마우스가 1968년에 등장하였고, 집적회로[IC : Inte-grated Circuit]는 그보다 2년 뒤에 나왔다. 집적회로는 컴퓨터를 더 작게 그리고 더 성능 좋게 만들었다. 1971년 첫 번째 인텔 마이크로프로세스 칩이 발명되었다. IC를 이용하여 첫 번째 개인용 컴퓨터인 Altair 8800를 만들 수 있었고, 이것은 1975년 키트 형태로 팔렸다. 이는 IBM이 1981년 개인용 컴퓨터를 만들게 된 동기가 되었다.

GUI : Graphical User Interface

사용자가 그래픽을 통해 컴퓨터와 정보를 교환하는 작업 환경

3년 뒤 Apple사가 GUI를 사용하는 매킨토시[Macintoch]를 시장에 내 놓음으로써, 자칫 괴짜장난감으로 치부될 뻔했던 컴퓨터를 사람들이 잘 사용할 수 있도록 만들었다. 이 인터페이스가 성공을 거둠으로써(거의 모든 사람들이 사용할 수 있기 때문에) 다른 컴퓨터 제조업체들도 이 사용자에게 친숙한 인터페이스를 사용하게 되었다.

상업적 컴퓨터 판매

1998년에 이르러 빌 게이츠[Bill Gates]의 Microsoft사는 세상에서 가장 영향력 있는 회사가 되었다. 경이로울 정도로 단기간에 이룬 성장이었다. 불과 40년 전에 시장에서는 총 8대의 컴퓨터가 팔렸었다. 오늘날 컴퓨터는 우리 생활 모든 면에서 중요한 역할을 담당하고 있고, 앞으로도 계속 그러할 것이다.

컴퓨터 구성요소

현재의 마이크로컴퓨터에는 많은 구성요소가 있는데, 대부분의 경우 두 개의 범주로 나뉜다. 기억장치와 처리장치가 그것이다. 집에 있는 컴퓨터의 내부를 들여다보면 다음 쪽에 쓰여 있는 구성요소들을 발견할 수 있다. 이 때 컴퓨터의 섬세한 회로들은 아주 작은 정전기에도 망가질 수 있기 때문에 주의해야 한다.

구성요소	기능
중앙처리 장치	데이터 처리를 하기 위해 고안된 장치로서 모든 입/출력과 저장장치들을 제어한다. 대부분 컴퓨터의 CPU는 쉽게 손상되는데 컴퓨터 팬(fan)이 필요할 정도로 많은 열이 발생하기 때문이다.
마더보드	모든 중요한 컴퓨터 구성요소들이 장착되어 있는 주 회로판
하드 디스크	데이터를 2진체계로 변환하여 자기신호로 영구적으로 저장하는 장치. 비디오테이프를 읽을 때처럼 자기헤드가 데이터를 여기에 쓰고 그것을 필요할 때 다시 꺼내볼 수 있다.
RAM^{Random Access Memory}	데이터와 지금 현재하고 있는 작업들을 일시적으로 저장하는 장치로. 여기의 데이터를 하드디스크에 옮겨놓지(즉 저장하지) 않으면, 컴퓨터가 꺼지면서 모든 정보를 잃게 되는 장치다.
BIOS 칩	컴퓨터를 켤 때 부팅과 같은 기본적 정보를 담고 있는 칩
CD/DVD 드라이브	데이터 저장 장치로서 플로피 디스크, CD-R/RW 그리고 DVD같이 이동식 미디어 드라이브이다.
기타 서킷들	더하기, 음수를 더하는 개념의 빼기, 더하기를 반복하는 개념의 곱하기, 빼기를 반복하는 개념의 나누기를 할 수 있으며 2진 체계를 사용하는 서킷

FACT

태평양 먼 바다에 위치한 투발루^{Tuvalu}섬은 2000년도에 도메인 접미어(.tv)에 대한 권리를 5천만 불에 팔았다. 10년 뒤에 이 권리를 다시 찾게 된다.

문자숫자조합^{Alphanumeric Characters}

모든 컴퓨터는 로마 글자와 더불어 표준화된 이진코드인 ASCII 코드를 사용하는데, 이것은 American Standard Code for Information Interchange의 약자이다. 1963년에 사용된 이래로 표준화된 컴퓨터 기계어가 되었다.

그 전에 사용되었던 다른 코드들과 비슷하게, ASCII 코드 역시 2진수를 사용하여 문자, 숫자, 기타 기호들을 표현한다. 8문자열(비트)로 표현되어 128개의 문자를 나타내는데, 이는 로마글자, 0부터 9까지의 숫자, 많이 쓰는 구두句讀문자, 그리고 컴퓨터 제어에 필요한 32개의 특수문자를 표현하기에 충분하다. 이 128개의 문자는 악센트문자나 ©와 같이 가끔씩 쓰이는 문자를 포함한 모든 것을 표현할 때 사용된다.

당신이 키보드의 달러표시 기호를 눌러서 모니터에 나오는 시간을 재보면 컴퓨터가 얼마나 빠른지를 이해할 수 있을 것이다. 당신이 '$'를 누르면, 바로 ASCII 코드 36이 얻어지고, 이것은 즉시 2진수 00010010으로 변환된다. 이 과정이 컴퓨터에서 진행된 후, 모니터에 출력이 되는 것이다. 컴퓨터 코딩에 대한 더 많은 정보는 157쪽에 있다.

FACT

중국어와 같이 로마글자를 기초로 하지 않은 언어들은 로마자를 기초토 한 문자에 필요한 비트수의 2배가 쓰인다.

디지털 사운드

글자나 숫자, 그리고 특수문자만 디지털화 할 수 있는 것은 아니다. 요즘에는 모든 것을 디지털화시켜 컴퓨터로 불러올 수 있다. 소리는 전화시스템이 발전하는 과정에서 처음으로 디지털화되었다. 소리가 본래의 아날로그 형태에서 디지털 형식으로 변환되는 과정에서 첫 번째로 '샘플링'이 된다. 이 과정에서

규칙적인 간격으로 신호가 '측정' 되고 이진코드가 얻어지는 것이다.

전화시스템은 상대적으로 제한된 인간 목소리의 영역만 제어를 하면 되는데, 이러기 위해서는 8비트 시스템을 사용한다. 아날로그 소리 파장은 8비트의 이진체계로 변화된다. 1초당 8,000번 정도 소리 파장을 샘플링 한다. 각각의 샘플링 된 자료는 256개의 값 중 하나로 주어진다(여기서 256은 8진법체계가 가질 수 있는 가장 큰 숫자이다). 이것이 전화선을 통해 전송되고 다시 디지털을 아날로그로 변화시켜주는 기계에 의하여 소리로 바뀌는 것이다.

음악에 관련된 기술 쪽에서 소리 샘플링 비율은 더 커진다. CD 샘플링 같은 경우는 1초당 44,100번의 샘플링이 일어나고, DVD의 경우에는 1초당 거의 1,700만 번의 샘플링이 일어난다.(기술이 훨씬 발전할 10년 뒤에는 이 문장도 우스꽝스럽게 들릴 수도 있다.)

디지털 그림

디지털 이미지는 아주 폭이 가는 스트립(마치 밭을 가는 쟁기 같은 것으로 아주 작은 크기이다)으로 그림을 스캔하여 얻어진다. 이 스트립들은 다시 더 작은 정방형들로 나뉘는데, 이것을 화소^{Pixel}라 한다. 각 화소에 코드들이 부여되어 있는데, 이 코드는 빨간색, 녹색, 파란색이 어떠한 비율로 섞여있는지에 대한 정보를 부여한다. 픽셀의 밝기에 대한 정보 역시 그 코드 안에 담겨있다.

　이러한 스캐닝과 코딩과정의 결과물을 비트맵^bitmap 즉, 이미지를 구성하는 정보의 비트^bit로 이루어진 지도^map라는 뜻이다. 이것을 모니터에 나타낼 수 있으며, 출력을 할 수도 있다.

　이러한 방식의 이미지 결과물의 질은 거의 전적으로 처음 스캔되고 저장될 당시의 정보량에 달려있다. 질을 결정하는 요인에는 픽셀의 수와 각 픽셀에 측정된 밝기 수준의 등급이 있다.

　가장 질이 좋은 칼라 이미지는 1인치당 22,500개의 픽셀로 이루어져 있고, 하나의 칼라 당 12비트가 할당된다. 이정도의 질과 선명도는 보통 컴퓨터나 TV에 비하여 8배나 더 좋다.

디지털 비디오

　디지털 사운드와 디지털 이미지의 결합으로 표현되는 디지털 비디오는 처음에는 약간 조잡한 방식으로 재생되었다. 촬영필름에 기록된 이미지는 1초에 24프레임을 보여주는 방식을 사용하고 있다. 반면에, 예전 디지털 비디오는 1초에 5프레임을 보여주었기 때문에 조잡하고 거칠었다. 저장용량이 늘어나고 데이터 처리속도가 빨라지면서 디지털 비디오는 촬영필름의 이미지보다 질적인 면에서 더 나아지게 되었다.

저장단위	정의
1 비트	1자리 이진수(0 또는 1)
1 바이트	8자리 이진수(8 비트)
1 킬로바이트	1,024 바이트
1 메가바이트	1.048,576 바이트
1 기가바이트	10억(10^9) 바이트
1 테라바이트	1조(10^{12}) 바이트

데이터 저장장치

처음 등장한 플로피디스크부터 오늘날의 다중 어레이 하드 드라이브에 이르기까지, 저장장치의 발전 속도는 너무 경이로워, 현재 가장 큰 용량의 저장장치가 1년쯤 뒤에는 웃음거리가 될 지경이다. 이 발전 속도를 살펴보기 위해 다음의 사실을 보자. 1970년대에는 지금은 거의 사라진 플로피디스크가 쓰였는데 최대용량이 1메가 바이트였다. 1980년대의 CD롬은 약 700메가의 데이터를 저장할 수 있었으며, 1990년대의 DVD 한 장은 CD 저장용량의 25배의 데이터를 저장할 수 있다.

새로운 데이터 압축 기술은 데이터 저장용량에 발전을 가져올 것인데, 이것은 가히 전신체계의 등장으로 의사소통의 속도가 향상되었던 것에 견줄 만 한 것이다.

무어의 법칙

5년 전에 컴퓨터를 산 사람들이 작년에 컴퓨터를 다시 구입한다고 했을 때, 두 번째 구입한 컴퓨터가 훨씬 빠르고 정교함에도 불구하고 각각의 구입비용이 똑같은 것은 놀라운 사실이다. 이것은 무어의 법칙[Moore' s Law]때문이다.

Intel 경영자인 무어[Gordon Moore]의 이름을 딴 이 법칙은 마이크로프로세서의 정밀도와 성능이 2년에 2배씩 성장함을 말해준다. 1982년에 Intel 80286 마이크로프로세서가 등장한 이래로, 초기 성장은 느렸지만, 그 이후로 마이크로프로세스의 성능은 무어가 말한 것 이상으로 놀라운 발전을 했다. 마이크로프로세서의

프로세서	클록 스피드	등장연도
Intel 80286	8MHz	1982
Intel 80386	16MHz	1985
Intel 80486	25MHz	1989
Intel Pentium	60MHz	1993
Intel Pentium II	350MHz	1997
Intel Pentium 4	1,500MHz	2000

‘클록’ 스피드는 메가헤르츠(Mhz) 단위로 측정이 되다가 더 최근에 와서는 기가헤르츠(GHz)단위로 측정되고 있다.

컴퓨터와 과학

과학적, 수학적 필요성이 없었다면 이렇게까지 컴퓨터가 빨리 발전을 하지 못했을 것이다. 컴퓨터의 발전으로 갑자기 많아진 연구데이터를 예전에 비해 순식간에 처리할 수 있게 되었다. 예를 들어, 천문학자들은 동시에 다른 지역들의 밤하늘 대부분의 이미지를 디지털화 시킬 수 있고, 컴퓨터를 사용하여 변화의 징후(예를 들어, 혜성, 초신성, 그 밖에 다른 관심 있는 깃들)에 대해 연구할 수 있다.

수사과학자들이나 경찰들이 방대한 지문 자료들을 이용해 지문대조를 하는 것같이, 생물학자는 사회 넓은 범위를 통틀어 DNA 샘플을 비교할 수 있다.

물리학자나 화학자는 그들의 이론을 뒷받침하기 위한 가상 모델을 세울 수도 있고, 수학자들은 π의 소수점 10억 째 자리까지 계산할 수 있다.

가상 세계

현대 컴퓨터가 과학과 사회에 미친 가장 큰 이득은, 모델링 분야에서 매우 귀중한 역할을 하고 있는 도구라는 점이다. 어떤 특정한 다리에 작용하는 여러 요인들, 예를 들어 압력이라든지, 스트레인[Strain](응력 변형)들을 가지고 프로그래밍을 함으로써, 그 다리를 가상세계[Virtual World]에서(즉, 안전한 세계에서) 디자인 해 볼 수 있다.

또 다른 예로, 새로운 항공기를 시험하기 위해 값비싼 윈드터널(항공기를 시험하는 통모양의 장치)과 항공기를 직접 만들 필요 없이 컴퓨터 모델링으로 해결할 수 있다. 비행기 날개표면 높이를 지나는 공기의 흐름은 밖으로 직접 나가지 않고도 측정할 수 있다. 이 뜻은, 항공기에 관계된 많은 위험이 가상세계에서 벌어지는 일들이라는 것이다. 가상세계에서 최악의 위험은 기껏해야 프로그램을 재부팅 하는 것이다.

기상학자들도 이러한 현실에 한몫하고 있는데, 그들은 앞으로 며칠간의 날씨패턴을 예측하기 위해 지구의 가상 대기 모델을 사용한다.

FACT

영국 수학자 튜링[Alan Turing]은 인공지능 컴퓨터를 위한 '튜링 테스트'를 제안하였다. 질문자가 사람일 수도, 사람이 아닐 수도 있는 상대방에게 질문을 던진다. 만일 질문을 던진 5분 후에, 질문자가 상대방이 사람인지 컴퓨터인지를 판별할 수 없으면, 상대방을 지각력이 있다고 판별한다.

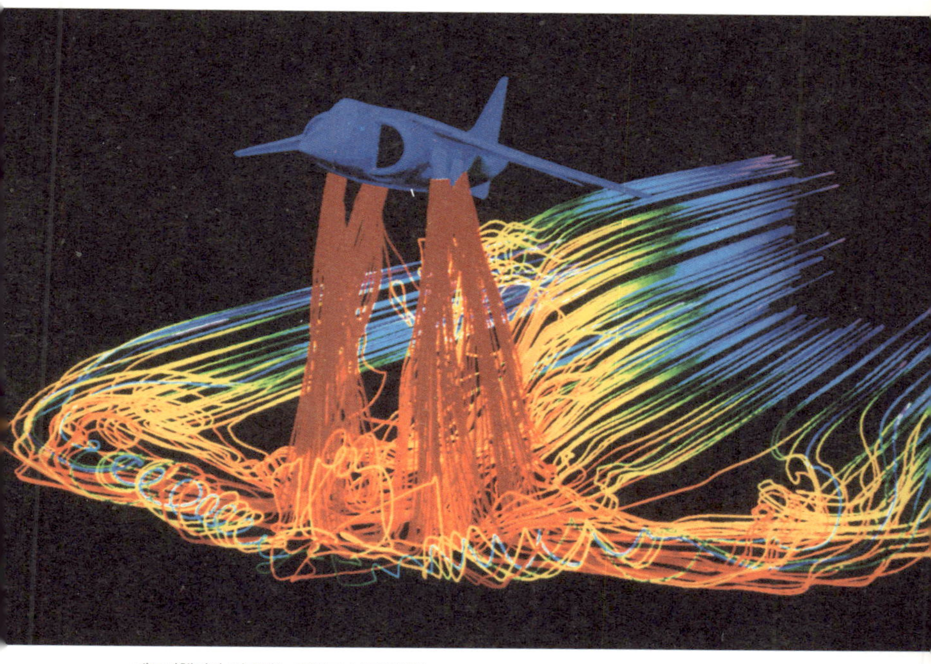

제트비행기가 이륙하는 컴퓨터 시뮬레이션

인 터 넷 The Internet

자기가 좋아하는 TV 프로그램을 바꿔볼 수 있다는 점 때문에 인터넷이 존재한다고 말하는 사람도 있겠지만, 인터넷의 진짜 능력은 우리들이 정보를 세상 도처의 다른 모든 사람들과 빠르게 교환할 수 있다는 것이다. 자, 그럼 인터넷이란 무엇인가?

인터넷의 역사

인터넷은 통신망들의 네트워크로 인식되어 왔다. 인터넷은

전시 전기통신을 보전하기 위해 1970년대 초 미군에 의해 만들어진 아르파네트[Arpanet]에 바로 뒤이어서 나왔는데, 원래는 대학이나 다른 연구기관에서 메인프레임 컴퓨터들을 연결하고 자료를 공유할 목적으로 쓰였다.

1973년에 아르파네트는 대서양을 건너 유럽 전역의 대학기관에 퍼졌다. 1980년대 영국 과학자 팀버너-리[Tim Berner-Lee]가 개발한 World Wide Web(www)을 사용하여 인터넷망에 더 긴밀히 접속할 수 있었다. 1991년에는 ISPs(Internet Service Providers)는 전화 시스템을 이용한 비교적 싼 온라인접속을 제공하였는데, 우연하게도 아르파네트가 중지된 시점이었다.

인터넷이 작동하는 방법

인터넷의 지시 구조를 살펴볼 때, 보통의 가계도의 모습을 떠올려 보는 것이 도움이 된다. 제일 위에는 라우터[Router]가 있다. 이것은 고속 광케이블과 위성연결을 이용하여 연결된 장치들을 뜻한다. 라우터는 자기들끼리 통신망을 구축하고, 세계 도처의 여러 네트워크를 연결하는 역할을 한다. 이 네트워크들은 ISPs에 의해 제어되며 세계 곳곳의 수많은 컴퓨터에 인터넷을 연결하여 준다.

이메일과 첨부자료, 웹 페이지 등과 같은 데이터는 '패킷'[Packet] 형식으로 인터넷을 돌아다닌다. 패킷은 목적지의 주소가 디지털 라벨 정보로 담겨있는 비교적 적은 양이다. 네트워크 상에서, 패킷은 목적지의 주소를 가장 빠른 길로 찾아가며, 그 주소에서 적절한 명령에 의해 다시 합쳐져서 완전한 파일형태가 다시 된다.

인터넷에 관련된 주요 용어

용어	정의
TCP/IP	네트워크들을 서로 연결하는 시스템(Transmission Control Protocol/Internet Protocol)
URL	웹 페이지마다 할당된 유일주소(Uniform Resource Locator)
HTML	웹 페이지 작성에 쓰이는 주요 프로그램 언어(HyperText Markup Language)
HTTP	하이퍼텍스트 웹 페이지를 교환하기 위해 사용되는 통신 규약(HyperText Transfer Protocol)
ISP	인터넷 서비스 공급자(Internet Service Provider)
JPEG	디지털 이미지를 전송하기 위해 압축하는 표준 기술(Joint Photographic Experts Group)
MPEG	동영상 파일 압축 기술(Moving Pictures Expert Group)
MODEM	전화시스템을 통해 인터넷으로 접속하는 장치 디지털 신호를 아날로그로 변조하여 보내고, 받은 쪽에서 반대과정이 일어나는 장치(Modulator-Demodulator)
POP	인터넷 접속을 위한 ISP 전화번호(Point of Presence)
MP3	음악을 압축하는 기술로 CD의 약 30배로 압축 가능함

바이러스

컴퓨터 바이러스는 말 그대로, 사람과 다른 동물들 사이에 퍼지는 바이러스처럼 컴퓨터에 작용한다. 근본적으로는 자기 복제 프로그램으로써 컴퓨터와 그 네트워크의 성능을 떨어뜨리거나 손상을 준다. 바이러스 프로그램은 다른 파일에 묻어 침투하는데, 한동안은 트로이의 목마와 같이 이메일의 첨부파일 형태로 바이러스를 보내는 방식이 가장 일반적이었다. 이제 대부분의 사용자들은 이 사실을 알고 낯선자에게서 온 이메일 첨부파일을 열어보지 않는다. 한 번 바이러스가 컴퓨터의 작동 시스템에 들어오면, 호스트 프로그램이 임의의 작업을 하게끔 조종한다. 별 것 아닌 것처럼 보일수도 있지만, 성가신 존재이고, 컴퓨터를 쓸모없게 만들 수도 있다.

바이러스 감염은 데이터 저장 장치, 컴퓨터 네트워크, 보호되지 않은 온라인 시스템을 통하여 일어날 수 있는데, 종종 지독한 결과를 가져온다. 2000년 전혀 사랑스럽지 않은 'Love Bug'라는 바이러스가 이메일 시스템을 무력화 시키는 방법으로 미국 의회와 영국 의회 등을 감염시켰다. 요즈음 대부분의 네트워크와 많은 개인용 컴퓨터는 방화벽Firewall을 설치하고, 매일매일 정기적인 업데이트를 통하여 바이러스의 침투를 막고 있다.

인터넷 사용 비율

집집마다 상업적으로 인터넷이 제공되기 시작하면서 인터넷 성장 비율은 가히 폭발적이었다. 1990년대 초에는 몇백 개의 사이트 밖에 없었는데, 20세기 말 즈음에는 약 2,500만 개의 사이트가 있을 정도로 굉장히 빠른 성장을 보였다.

그 사이, 등록된 인터넷 주소를 가진 사람은 1993년에는 단지 100만 명 정도였는데, 20세기 말 즈음에는 거의 1억 명이 되었다. 현재는 3억 명을 훌쩍 넘겼다. 대학기관에서는 애블린Abilene 이라는 병렬 인터넷을 설치하여 연구원들이 서로 커뮤니케이션을 빨리 할 수 있도록 하고 있다.

논리,
카오스 이론과
프랙탈

LOGIC, CHAOS THEORY,
& FRACTALS

플라톤이 수학에 미친 영향

플라톤은 주로 철학자로 알려져 있지만 수학에도 굉장히 많은 관심을 보였다. 그가 살았던 시대의 다른 사람들과 같이 우주에 많은 신비로움이 있다고 믿었고, 그것들이 해결되기를 바랐다.

플라톤은 수학분야와 후세 사람들에게 지대한 영향을 미쳤다. 그가 살았던 시기에 고전적 수학의 다양한 정의와 공리들이 많이 등장하였다.

유클리드 수학^{Euclidean Mathematics}

고전적인 수학에 대하여 이야기를 할 때, 유클리드^{Euclid}를 빼놓을 수 없다. 그리스 수학자 유클리드(BC 300)는 13권으로 이루어진 『원론』^{The Elements}을 발간하였고, 몇 개의 공리들을 이용하여 기하학의 기초를 설립하였다.

이 업적은 19세기에 우주에 대한 새로운 시각이 등장하기 전까지 별다른 새로운 이론의 등장 없이 큰 영향력을 행하였다. 이때까지의 수학을 유클리드 수학이라 한다. 19세기에 새로이 등장하여 발전한 수학을 비유클리드 수학이라 부른다.

비유클리드 수학^{Non-Euclidean Mathematics}

유클리드 수학의 근본적인 단점은 2, 3차원의 도형에 대해서만 다룬다는 점이다. 평면위에 삼각형을 그려서 유클리드의 방식으로 도형의 성질을 분석하는 방식은, 구부러진 곡면 위(우리가 사는 지구는 구의 형태이다)의 삼각형을 연구하는 경우에 적절하지 않다.

독일 수학자 가우스^{Carl Friedrich Gauss}는 '기하학의 실체에 대한 의문'을 처음으로 가졌던 19세기의 수학자인데, 이것에 대한 수학적 기초가 다져지면서 유클리드의 시스템이 점점 빛을 잃기 시작했다. 리만^{Bernhard Riemann}이 곡면의 내재적 곡률에 대한 가우스의 아이디어를 발전시키면서 비유클리드적 이론이 결정적으로 발전하였다.

리만은 유클리드 기하학을 무시해야하며 각 곡면을 그 자체로만 바라봐야 한다는 점을 주장했다. 이 주장은 수학에 심오한 영향을 끼쳤는데, 기하학적인 성질에 대한 연구를 할 때는 연역적 추론을 배재하고, 최소한 부분적으로라도 경험적인 추론이 바탕이 되어야 한다는 것이었다. 이 주장은 또한 미적분 이론을 개량하여 다차원 공간에 대한 연구에 적용할 수 있는 메커니즘을 제공해 주었다.

물리학과 장 방정식^{Physics and Field Equations}

19세기 수학의 또 다른 발전으로, 후에 물리학이라 불리게 될 과학의 한 분야에 대한 엄밀한 접근이 이루어졌다.

패러데이^{Michael Faraday}는 자연 철학자의 입장에서 19세기 초반 전자기 유도와 전자기 회전을 발견했다. 과학의 한 분야로써 물리학이 아직 그 이름을 갖지 못한 시대였고, 패러데이가 가장 첫 번째 물리학자로 간주되지만, 그 시절에 이 뛰어난 과학자는 아무것도 아니었다. 그는 수학적 실력이 부족하여 자신의 이론을 분석할 수 없었다.

패러데이의 전자기이론을 수학적으로 분석한 사람은 스코틀랜드 수학자 맥스웰James Clerk Maxwell이었다. 전자기장의 성질에 대한 연구를 수행하였는데, 전자기파가 빛의 속도로 움직이고 빛은 사실 전자기파의 한 형태라는 것을 수학적으로 증명하였다.

그와 동시대를 살았던 많은 사람들이 수학에 어려움을 느끼고 있었지만 맥스웰의 아이디어는 급진적이고 도전적이었다. 1886년 독일의 물리학자 헤르츠Heinrich Hertz가 전자기파(이 경우에는 라디오 전파)가 존재하며 빛의 속도로 움직인다는 것을 확증하기 전까지 맥스웰의 아이디어는 주목을 받지 못했다.

맥스웰은 전자기 성질에 대한 결과로 4개의 방정식을 도출하였는데, 이는 20세기에 등장한 상대성 이론과 양자역학의 토대가 되었다.

카오스 이론 Chaos Theory

아마존 정글 속에 사는 나비의 날개 짓이 당신이 살고 있는 동네에 허리케인을 일으킬 수 있을까?

카오스 이론은 카오스 시스템 즉, 아주 많은 요인들이 궁극적인 결과에 영향을 미칠 수도 또는 미치지 않을 수도 있는 시스템 안에서 일어나는 행동에 대한 연구이다. 예를 들어 지구의 날씨 시스템과 같은 것들은 초기 입력값에 따라 상당히 민감하여(아마 나비의 날개 짓 조차에도 민감할 것이다) 결과를 예측하기가 거의 불가능하다. 이러한 이유로 긴 기간 동안의 정확한 날씨를 예측할 수 없는 것이다.

무질서한 행동의 경향이 있는 시스템은 경제학과도 연관이 있다. 만일, 긴 기간 동안의 주식시장의 변화를 정확히 예측할 수 있다면, 필자는 엄청난 부자가 되어 이 책도 쓰지 않았을 것이다.

카오스에 대한 생각은 새로운 것이 아니다. 예로부터 도교신자들은 음양이 연속적이고 예측할 수 없게 변화하는 근본적인 무질서로부터 우주가 모양을 갖추기 시작했다고 믿어왔다. 과학의 시대 이전의 문명에서는 무질서적인 특성을 신의 존재와 결부시켜 생각하였다.

모든 것이 경험적 증거와 수학적 방법으로 정량화 되고 예측될 수 있다는 모델로 우주를 설명할 수 있으리라 희망하고 카오스를 연구하려 노력하였으나 20세기 들어, 이것이 불가능하다는 결론을 얻게 되었다.

카오스 이론은 어떤 특정한 시스템의 예측 불가능한 성질을 인식하고, 카오스로서 그 시스템을 이해하려는 것이다. 카오스 이론은 우주의 신비를 풀 수 있는 단서를 제공할지도 모를 수학의 한 분야이다.

기이한 끌개와 나비효과 Strange Attractors and Butterfly Effect

전진하는 시스템을 설명하는 가장 단순한 그림은 끌개를 이용하는 것인데, 끌개란 예측가능하고, 되풀이 되는 행동의 순환을 규칙적인 고리로 그린 것이다. 그런데 시스템이 점점 무질서해지면 이 고리는 늘어나고 변형된다. 무질서한 시스템을 그리는 방법으로 기이한 끌개라 불리는 특별한 그래프를 사용한다. 이것은 우리가 보통 알고 있는 그래프랑은 생김새가 다르며 꽤

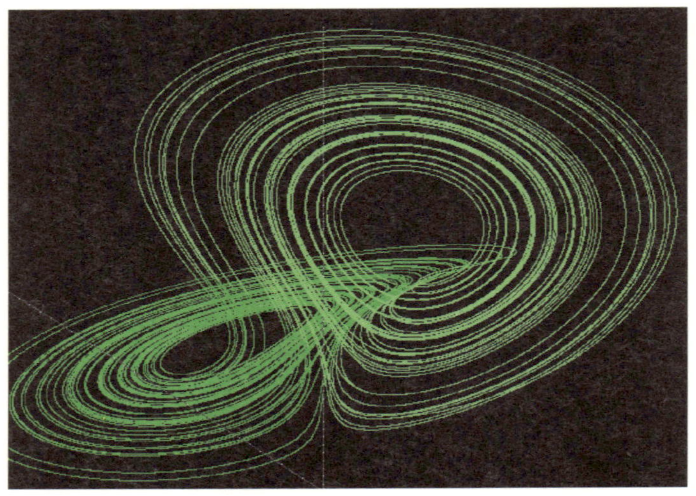

로렌츠의 기이한 끌개 그래프

복잡하다. 하지만, 이 그래프는 그 자체로 아름다움을 가지고
있다.

아래 그래프는 로렌츠^{Lorenz}의 기이한 끌개인데, 날씨조건에 대
한 그래프이다. 예측불가능하고 복잡한 날씨시스템의 그래프가
놀랄 만큼 나비의 모양과 흡사하다. 이 기이한 끌개에는 기상학
자 로렌츠^{Edward Lorentz}의 이름을 붙었는데, 로렌츠는 나비의 날개
짓이 날씨에 어마어마한 영향을 미칠 수 있음을 처음으로 제안
한 사람이다.

카오스의 적용

카오스 이론은 좋은 이론이긴 한데, 어디에 적용할 수 있을
까? 우리에게 어떠한 것을 해 줄 수 있는가? 단정하긴 조금 이
르지만, 카오스이론은 다음의 방면들에 적용되고 있다.

카오스 이론이 적용되는 영역

- 난기류
- 불규칙한 심장 박동
- 대류 패턴(태양과 관련이 있음)
- 소행성대의 구멍
- 물방울이 떨어지는 수도꼭지
- 날씨의 패턴
- 신경계
- 기체의 운동
- 양자의 불확정성

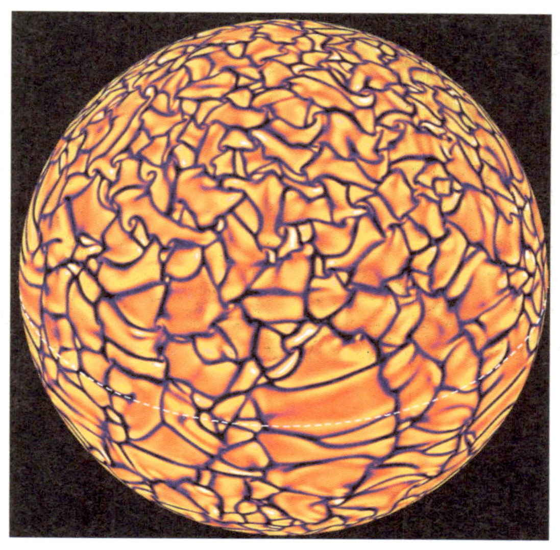

수치적 시뮬레이션을 통해 본 대류 패턴의 이미지

프랙탈 Fractal

수학자들이 관심분야 중 프랙탈은 기하학적으로 복잡한 구조이다. 프랙탈을 연구하는 데 있어서 주요한 개념은 자기유사성 self-similarity 이다. 자기유사성을 가진 물체는 각각의 부분이 전체의 모습과 닮았다. 자연에서는 양치류 식물의 잎사귀에서 자기유사성을 찾을 수 있다. 잎을 가까이 들여다보면 가장 작은 부분일 지라도 전체와 닮았다는 것을 관찰할 수 있다. 놀랍게도 이러한 패턴은 미시적인 수준까지 계속 반복된다.

프랙탈은 양치류 식물의 잎사귀에서 발견할 수 있다.

이것은 그냥 우리가 자연에서 관찰할 수 있는 것이다. 그런데 지금까지도 파악이 힘든 다른 패턴들이 있다. 구름이 얼마나 큰지 작은지를 구별할 수 있는 사람이 있을까? 멀리 떠다니는 구름은 크고 가까운 구름은 작은 것일까?

구름이 규모에 따라 달라지는 것은 아니다. 구름이 1마일의 크기건 100마일의 크기건, 구름은 구름같이 행동하는 것이다.

통계학적으로 이것을 규모비 의존성Scale independence이라 하고, 이 성질은 통계학적 자기유사성Statistical self-similarity이라는 개념을 만들었다.

흥미로운 사실은 자연의 많은 것들 예를 들어 산, 나무, 우주 물질의 분포에서까지 규모비의존성을 찾을 수 있다는 점이다.

프랙탈 기하학Fractal Geometry

프랙탈은 비유클리드 기하학이나 불규칙한 도형을 설명하기에 아주 유용하기 때문에, 이 개념을 이용하여 새로운 기하학 시스템이 생겨나기 시작했다. 프랙탈 기하학은 수학영역에서 점차 벗어나 물리화학이나 유체역학 같은 다양한 영역에서 다루어졌다.

프랙탈 기하학이 적용되는 가장 흥미로운 분야중 하나는 통계역학이다. 예를 들어, 우주의 은하 성단의 분포와 같은 카오스 시스템을 연구하는 데는 프랙탈 기하학이 적합하다.

은하 성단의 구성을 연구하는데 프랙탈 기하학을 적용할 수 있다.

코흐 곡선 ^{Von Koch Curve}

코흐 곡선은 비교적 간단한 프랙탈으로써 정삼각형을 반복적으로 사용하여 얻어진다. 우선, 그림과 같이 하나의 정삼각형을 그린다. 각 변을 삼등분하여, 삼등분한 중간의 변을 다시 크기가 맞는 정삼각형으로 치환한다. 이 과정을 계속 반복하면 프랙탈 곡선을 얻게 된다.

코흐 곡선의 처음 4단계

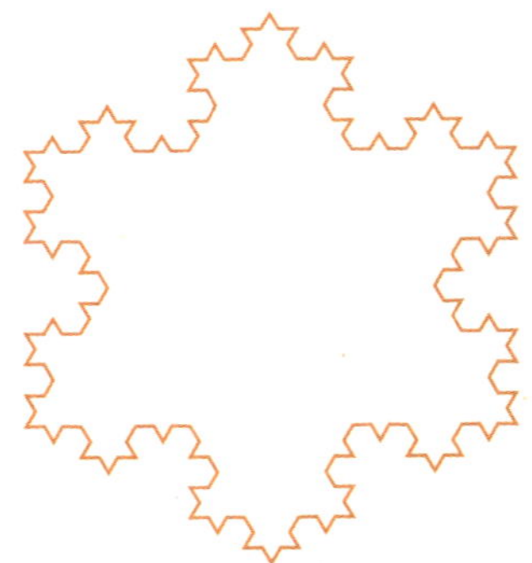

눈송이 모양의 코흐곡선

만델브로 집합 ^{Mandelbrot Set}

'프랙탈' 이라는 단어는 1975년 폴란트 태생의 수학자 만델브로 ^{Benoit Mandelbrot}에 의해 지어졌다. (프랙탈은 라틴어인 fractus에서 나왔는데, 산산조각이 되다 ^{fragmented}라는 뜻을 가지고 있다.) 그는 만델브로 집합이라 불리는 유명한 프랙탈을 고안하였다. 이것은 수준 높은 순수 수학세계에서만 존재하는 아름다운 프랙탈인데, 컴퓨터 그래픽을 사용하여 이 집합을 볼 수 있다.

만델브로 집합은 다음의 방정식을 통해 반복적으로 얻어진다.

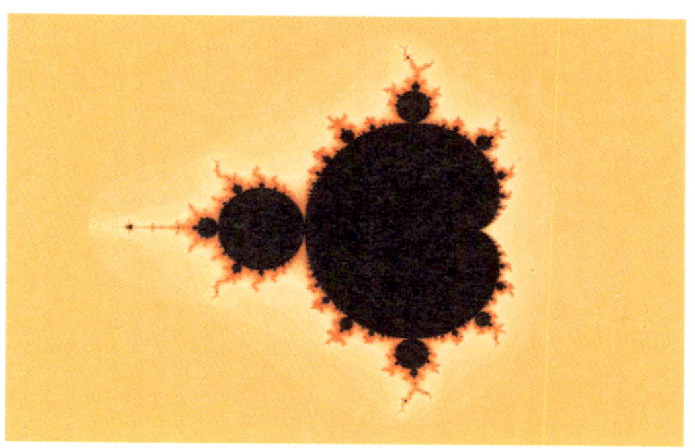

컴퓨터로 그린 만델브로 집합

$$z = z^2 + c$$

이 방정식은 겉보기에는 간단해 보이나 사실 z와 c는 복소수이다. 위쪽의 만델브로 집합그래픽은, 위 방정식을 통해 각각 다른 최종 값을 얻어내고, 이 최종 값을 각각 다른 색으로 표시하여 얻어진 그림이다.

이 그림은 컴퓨터 없이는 그릴 수 없는데, 컴퓨터 역시 프랙탈 알고리즘을 사용하지 않고는 만델브로 집합을 구현할 수 없다. 프랙탈 알고리즘이란 프랙탈 기하학을 발전시킨 것으로 자연의 복잡하고 불규칙적인 모양과, 그 밖의 여러 것들을 컴퓨터로 표현할 수 있게 해준다. 만델브로 집합을 가까이 들여다보고 있으면 자기유사성 법칙을 따르고 있다는 사실과, 자연의 무질서한 형태를 닮았다는 사실을 알 수 있게 된다.

줄리아 집합 Julia Set

줄리아 집합(Gaston Julia의 이름을 따왔다) 역시 복소평면 위에서 정의된, 만델브로 집합과 밀접한 관계가 있는 프랙탈 모형이다. 만델브로 집합을 그리는 것과 유사한 방법으로 다양한 반복계산으로 얻어진 결과를 다른 색들로 표현하여 그림을 그릴 수 있다.

프랙탈 차원

프랙탈의 주요 지표로써, 복잡한 비유클리드적인 도형을 이해할 때 가장 중요한 것 중 하나가 바로 프랙탈 차원이다. 프랙탈 차원은 유클리드의 차원과는 다르다. 프랙탈 차원은 물체가 얼마나 커졌나, 어디서부터 관측되었냐에 상관없이 일정한 값을 유지하는 값이다. 우리가 어떤 프랙탈 곡선을 만들 때, 곡선의 길이가 전 단계의 3분의 4배씩 길어진다고 해보자. 프랙탈 차원을 D라 한다면, D는 곡선의 길이가 3에서 4로 커지기 위한 양으로서 다음과 같이 계산된다.

$$3^D = 4$$

수학의 모든 표와 참고

GENERAL REFERENCE

곱수와 세제곱수 Squares and Cubes

수	제곱수	세제곱수	수	제곱수	세제곱수
1	1	1	11	121	1,331
2	4	8	12	144	1,728
3	9	27	13	169	2,197
4	16	64	14	196	2,744
5	25	125	15	225	3,375
6	36	216	16	256	4,096
7	49	343	17	289	4,913
8	64	512	18	324	5,832
9	81	729	19	361	6,859
10	100	1,000	20	400	8,000

로마숫자 Roman Numerals

로마숫자	아라비아숫자	로마숫자	아라비아숫자	로마숫자	아라비아숫자
I	1	XV	15	XC	90
II	2	XIX	19	IC	99
III	3	XX	20	C	100
IV	4	XXIX	29	CIC	199
V	5	XXX	30	CC	200
VI	6	XL	40	CD	400
VII	7	IL	49	D	500
VIII	8	L	50	DC	600
IX	9	LIX	59	DCC	700
X	10	LX	60	CMLIII	953
XI	11	LXVIII	68	M	1,000
XIV	14	LXIX	69	MMIX	2,009

2~3차원 도형의 넓이와 부피

2차원 도형

원Circle

r = 반지름

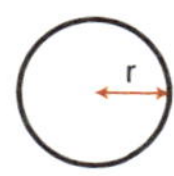

원주의 길이 = $2\pi r$
넓이 = πr^2

삼각형Triangle

h = 높이
a, b, c = 변
b = 밑변

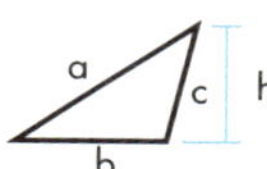

둘레의 길이 = $a + b + c$
넓이 = $\frac{1}{2}bh$

직사각형Rectangle

a, b = 변

둘레의 길이 = $2(a + b)$
넓이 = ab

3차원 도형

원기둥Cylinder

h = 높이
r = 밑면의 반지름

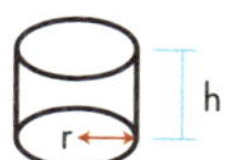

겉넓이 =
$2\pi r^2 + 2\pi rh$
부피 = $\pi r^2 h$

원뿔Cone

h = 높이
r = 반지름
l = 모선의 길이

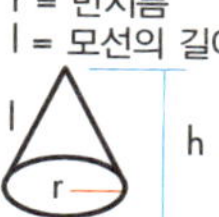

겉넓이 = $\pi rl + \pi r^2$
부피 = $\frac{1}{3}\pi r^2 h$

정육면체Cube

a = 변

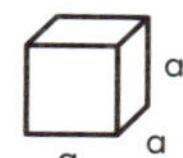

겉넓이 = $6a^2$
부피 = a^3

직육면체Rectangular Prism

a, b, c = 변

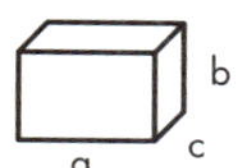

겉넓이 =
$2(ab + bc + ac)$
부피 = abc

구Sphere

r = 반지름

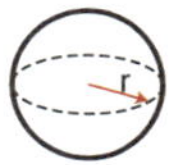

겉넓이 = $4\pi r^2$
부피 = $\frac{4}{3}\pi r^3$

피라미드Square Pyramid

a = 밑면(정사각형)의 변
h = 높이

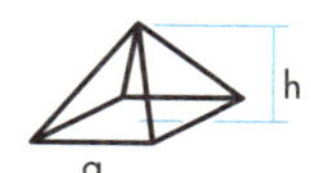

겉넓이 = $6a^2$
부피 = $\frac{1}{3}a^2 h$

단위변환 표

미터법^{Metric}을 영국도량형법^{Imperial}으로 변환

~을	~ 단위로	변환 상수
센티미터(cm)	인치	0.3937
미터(m)	피트	3.281
킬로미터(km)	마일	0.6214
미터(m)	야드	1.094
그램(g)	온스	0.03527
킬로그램(kg)	파운드	2.205
톤(ton)	영국 톤	0.9843
제곱센티미터(cm^2)	제곱 인치	0.155
제곱미터(m^2)	제곱 피트	10.76
헥타르(ha)	에이커	2.471
제곱킬로미터(km^2)	제곱 마일	0.3861
제곱미터(m^2)	제곱 야드	1.196
세제곱센티미터(cm^3)	세제곱 인치	0.06102
세제곱미터(m^3)	세제곱 피트	35.31
리터(ℓ)	파인트	1.76
리터(ℓ)	갤론	0.22

요리에 사용하는 무게

영국도량형	미터법	영국도량형	미터법	영국도량형	미터법
¼ oz	10 g	1¾ oz	50 g	2 lb	900 g
½ oz	15 g	2 oz	55 g	2 lb 4 oz	1 kg
¾ oz	20 g	3 oz	85 g	2 lb 12 oz	1.25 kg
1 oz	25 g	4 oz	115 g	3 lb 5 oz	1.5 kg
1¼ oz	35 g	5 oz	140 g	4 lb 8 oz	2 kg
1½ oz	40 g	1 lb	450 g	6 lb 8 oz	3 kg

영국도량형을 미터법으로 변환

~을	~ 으로	변환
인치	센티미터	2.54
피트	미터	0.3048
마일	킬로미터	1.609
야드	미터	0.9144
온스	그램	28.35
파운드	킬로그램	0.4536
영국 톤	톤	1.016
제곱 인치	제곱센티미터	6.452
제곱 피트	제곱미터	0.0929
에이커	헥타르	0.4047
제곱 마일	제곱킬로미터	2.59
제곱 야드	제곱미터	0.8361
세제곱 인치	세제곱센티미터	16.39
세제곱 피트	세제곱미터	0.02832
파인트	리터	0.5683
갤론	리터	4.546

요리에 사용되는 부피

영국도량형	미터법	영국도량형	미터법
1 tsp	5 ml	$\frac{1}{2}$ cup	125 ml
3 tsp/1 tbsp	15 ml	$\frac{2}{3}$ cup	150 ml
2 tbsp	30 ml	$\frac{3}{4}$ cup	175 ml
3 tbsp	45 ml	1 cup	250 ml
$\frac{1}{4}$ cup	60 ml	2 cups	500 ml
$\frac{1}{3}$ cup	70 ml	4 cups	1 l

요리에 사용하는 부피(액체)

영국식 도량형	미터법	컵
1 fl oz	25 ml	
2 fl oz	50 ml	¼ cup
2½ fl oz	75 ml	
4 fl oz	125 ml	½ cup
5 fl oz/¼ pint	150 ml	
6 fl oz	175 ml	¾ cup
10 fl oz/½ pint	300 ml	1¼ cups
12 fl oz	350 ml	1½ cups
20 fl oz/1 pint	568 ml	2½ cups
1½ pints	850 ml	3¾ cups

SI 단위 및 정의

SI 단위	정의
1미터	빛이 299,792,458분의 1초 동안 움직인 거리
1 킬로그램	프랑스 파리 근처 세브르에 위치한 국제도량형국이 소유하고 있는 백금–이리듐의 합성으로 만들어진 원기(우리가 현재에도 쓰는 인공으로 된 표준 측정이다)
1 초	세슘–133원자가 9,192,631,770번 진동할 때 걸리는 시간
1 암페어	도체의 길이 1m마다 2×10^7N의 힘을 미치는 전류
1 캘빈	모든 원자의 운동이 멈춰지는 절대온도 보다 한 눈금 높은 온도(물의 삼중점의 1/273.16배)
1 칸델라	진동수가 540×10^{12} Hz인 단색광을 방출하는 광원의 조명 강도
1 몰	탄소–12 원자 12그램에 들어있는 입자의 양

SI 측정법

배수	접두어	기호
1/1,000,000,000,000,000,000 (10^{-18})	atto	a
1/1,000,000,000,000,000 (10^{-15})	femto	f
1/1,000,000,000,000 (10^{-12})	pico	p
1/1,000,000,000 (10^{-9})	nano	n
1/1,000,000 (10^{-6})	micro	μ
1/1,000 (10^{-3})	milli	m
1/100 (10^{-2})	centi	c
1/10 (10^{-1})	deci	d
10	deca	da
100 (10^2)	hecto	h
1,000 (10^3)	kilo	k
1,000,000 (10^6)	mega	M
1,000,000,000 (10^9)	giga	G
1,000,000,000,000 (10^{12})	tera	T
1,000,000,000,000,000 (10^{15})	peta	P
1,000,000,000,000,000,000 (10^{18})	exa	E

FACT

1875년 5월 20일, 표준화된 측정 단위를 제정하기 위하여 17국의 대표들
이 미터협약Metre Convention에 조인하였다. 나중에 이 협약은 국제단위계
International System of Units라 불렸다. 1921년, 1960년에 개정되었다.
오늘날 48개의 나라가 이 협약에 조인하였다.

SI 양

단위	SI 명	기호
방사선의 흡수선량	그레이	Gy
물질의 양	몰	mol
전기용량	페럿	F
전하량	쿨롱	C
컨덕턴스	지멘스	S
전류	암페어	A*
저항	옴	Ω
에너지 또는 일	쥴	J
힘	뉴턴	N
주파수	헤르츠	Hz
조도	럭스	lx
인덕턴스	헨리	H
광속	루멘	lm
광도	칸델라	cd
자속	웨버	Wb
자속밀도	테슬라	T
평면각	라디안	rad
압력	파스칼	Pa
선량당량	시버트	Sv
방사선 세기의 단위	뢴트겐	r
방사능	베크렐	Bq
열역학적 온도	캘빈	K

* 기네스북에는 기자력^{magnetmotive force}이라고 정의되었다.

삼각함수표 Logarithm Table for Sine, Cosine, and Tangent

각	사인	코사인	탄젠트
0	0	1	0
1	0.0174	0.9998	0.0175
2	0.0349	0.9994	0.0349
3	0.0523	0.9986	0.0524
4	0.0698	0.9976	0.0699
5	0.0872	0.9962	0.0875
6	0.1045	0.9945	0.1051
7	0.1219	0.9926	0.1228
8	0.1392	0.9903	0.1405
9	0.1564	0.9877	0.1584
10	0.1736	0.9848	0.1763
11	0.1908	0.9816	0.1944
12	0.2079	0.9781	0.2126
13	0.2249	0.9744	0.2309
14	0.2419	0.9703	0.2493
15	0.2588	0.9659	0.2679
16	0.2756	0.9613	0.2867
17	0.2924	0.9563	0.3057
18	0.3090	0.9511	0.3249
19	0.3256	0.9455	0.3443
20	0.3420	0.9397	0.3640
21	0.3584	0.9336	0.3839
22	0.3746	0.9272	0.4040
23	0.3907	0.9205	0.4245
24	0.4067	0.9135	0.4452
25	0.4226	0.9063	0.4663
26	0.4384	0.8988	0.4877
27	0.4540	0.8910	0.5095
28	0.4695	0.8829	0.5317
29	0.4848	0.8746	0.5543
30	0.5000	0.8660	0.5773

삼각함수표 Logarithm Table for Sine, Cosine, and Tangent(cont'd)

각	사인	코사인	탄젠트
31	0.5150	0.8571	0.6009
32	0.5299	0.8480	0.6249
33	0.5446	0.8387	0.6494
34	0.5592	0.8290	0.6745
35	0.5736	0.8191	0.7002
36	0.5878	0.8090	0.7265
37	0.6018	0.7986	0.7535
38	0.6157	0.7880	0.7813
39	0.6293	0.7772	0.8098
40	0.6428	0.7660	0.8391
41	0.6561	0.7547	0.8693
42	0.6691	0.7431	0.9004
43	0.6820	0.7314	0.9325
44	0.6947	0.7193	0.9657
45	0.7071	0.7071	1.0000
46	0.7193	0.6947	1.0355
47	0.7314	0.6820	1.0724
48	0.7431	0.6691	1.1106
49	0.7547	0.6561	1.1504
50	0.7660	0.6428	1.1918
51	0.7772	0.6293	1.2349
52	0.7880	0.6157	1.2799
53	0.7986	0.6018	1.3270
54	0.8090	0.5878	1.3764
55	0.8191	0.5736	1.4281
56	0.8290	0.5592	1.4826
57	0.8387	0.5446	1.5399
58	0.8480	0.5299	1.6003
59	0.8571	0.5150	1.6643
60	0.8660	0.5000	1.7321

각	사인	코사인	탄젠트
61	0.8746	0.4848	1.8040
62	0.8829	0.4695	1.8907
63	0.8910	0.4540	1.9626
64	0.8988	0.4384	2.0503
65	0.9063	0.4226	2.1445
66	0.9135	0.4067	2.2460
67	0.9205	0.3907	2.3559
68	0.9272	0.3746	2.4751
69	0.9336	0.3584	2.6051
70	0.9397	0.3420	2.7475
71	0.9455	0.3256	2.9042
72	0.9511	0.3090	3.0777
73	0.9563	0.2924	3.2709
74	0.9613	0.2756	3.4874
75	0.9659	0.2588	3.7321
76	0.9703	0.2419	4.0108
77	0.9744	0.2249	4.3315
78	0.9781	0.2079	4.7046
79	0.9816	0.1908	5.1446
80	0.9848	0.1736	5.6713
81	0.9877	0.1564	6.3138
82	0.9903	0.1392	7.1154
83	0.9926	0.1219	8.1443
84	0.9945	0.1045	9.5144
85	0.9962	0.0872	11.4300
86	0.9976	0.0698	14.3010
87	0.9986	0.0523	19.0810
88	0.9994	0.0349	28.6360
89	0.9998	0.0174	57.2900
90	1	0	무한대

수학기호 Mathematical Symbols

기호	뜻	기호	뜻
+	더하기	∞	무한대
−	빼기	Σ	합
×	곱하기	$\upsilon, \underline{\upsilon}$	벡터
÷	나누기	$f(x)$	함수
=	같다	!	팩토리얼
≠	같지 않다	√	제곱근
⟩	~보다 크다	$A \cap B$	교집합
⟨	~보다 작다	$A \cup B$	합집합
≥	~보다 크거나 같다	$A \subset B$	부분집합
≤	~보다 작거나 같다	∅	공집합

대수의 기본 법칙 Basic Rules of Algebra

표현	계산	결과
$a + a$	간단한 덧셈	$2a$
$a + b = c + d$	b를 양변에서 뺌	$a = c + d - b$
$ab = cd$	양변을 b로 나눔	$a = cd/b$
$(a + b)(c + d)$	전개	$ac + ad + bc + bd$
$a^2 + ab$	인수분해	$a(a + b)$
$(a + b)^2$	전개	$a^2 + 2ab + b^2$
$a^2 - b^2$	인수분해	$(a + b)(a - b)$
$1/a + 1/b$	통분	$(a + b)/ab$
$a/b \div c/d$	분수의 나눗셈은 역수의 곱셈으로 계산	$a/b \times d/c$

지각을 이루는 원소

원소	양 (%)	원소	양 (%)
산소	49.13	나트륨	2.40
규소	26.00	칼륨	2.35
알루미늄	7.45	마그네슘	2.35
철	4.20	수소	1.00
칼슘	3.25	기타	1.87

주요 화합물들의 일반명과 화학명

일반명	화학명	화학식
물	산화수소	H_2O
소금	염화나트륨	$NaCl$
중탄산 소다	탄산수소나트륨	$NaHCO_3$
가정용 표백제	염소산나트륨(I)	$NaClO_3$
변성 알코올	메탄올	CH_3OH
알코올	에탄올	C_2H_5OH
식초	아세트산	$CH_3.COOH$
비타민 C	아스코르빈산	$C_4H_3O_4.CHOH.CH_2OH$
아스피린	아세틸살리실산	$C_6H_4.COOCH_3.COOH$
백설탕	수크로오스	$C_6H_{11}O_5.O.C_6H_{11}O_5$
석회암/초크	탄산칼슘	$CaCO_3$
녹	산화철(III)수화물	$Fe_2O_3.xH_2O$

온도 변환 공식

~을	~으로	방정식
섭씨 (C)	화씨 (F)	$F = (C \times 9 \div 5) + 32$
화씨	섭씨	$C = (F - 32) \times 5 \div 9$
섭씨	켈빈 (K)	$K = C + 273$
켈빈	섭씨	$C = K - 273$
화씨	켈빈	$K = ((F - 32) \times 5 \div 9) + 273$

여러 원소의 녹는점과 끓는점

원소	녹는점 °C	°F	끓는점 °C	°F
수은	−39	−38	357	675
헬륨	−272	−458	−269	−452
텅스텐	3,410	6,170	5,555	10,031
질소	−210	−346	−196	−321
나트륨	98	208	883	1,621
산소	−219	−362	−183	−297
브롬	−7	19	59	138
철	1,535	2,795	2,862	5,184
탄소	3,550	6,420	4,827	8,720
금	1,063	1,945	2,970	5,379

최근 발견된 원소

원소명	시대 및 발견자	이름의 기원
코발트, Co	1735, George Brandt	kobold(독일어)로 도깨비라는 뜻이다.
수소, H	1766, Henry Cavendish	hydro-,genes(그리스어)로 물을 만드는 것이라는 뜻이다.
염소, Cl	1774, Karl Wilhelm Scheele	chloros(그리스어)로 초록빛을 띤 노랑이라는 뜻이다.
텅스텐, W	1783, Juan Jose와 Faudto Elhuyar	tung(스웨덴어)는 무겁다는 뜻이고, stem(스웨덴어)는 돌이라는 뜻이다.
크롬, Cr	1797, Nicolas-Louis Vauquelin	chroma(그리스어)로 색깔이라는 뜻이다.
브롬, B	1826, Antoine-Jerome Balard	bromos(그리스어)로 악취라는 뜻이다.
헬륨, He	1868, Pierre Janssen 과 Norman Lockyer	helios(그리스어)로 태양이라는 뜻이다.
러더퍼듐, Rf	1964(소련)과 1969(미국)	뉴질랜드사람인 어니스트 러더포드(Ernest Rutherford)에서 명명하였다.

이온과 라디칼

이름	식	이름	식
수소	H^+	은 (I)	Ag^+
나트륨	Na^+	아연	Zn^{2+}
칼륨	K^+	암모늄	NH^{4+}
마그네슘	Mg^{2+}	히드로옥소늄	H_3O^+
칼슘	Ca^{2+}	산화물	O^{2-}
알루미늄	Al^{3+}	황화물	S^{2-}
철 (II)	Fe^{2+}	플루오르화물	F^-
철 (III)	Fe^{3+}	염화물	Cl^-
구리 (I)	Cu^+	요오드화물	I^-
구리 (II)	Cu^{2+}	수산화물	OH^-

은하

이름	종류	거리 (광년)	광도 (태양광도의 백만배)	지름 (광년)
Milky Way	나선	0	15,000	100,000
Large Magellanic Cloud	불규칙나선	170,000	2,000	30,000
Small Magellanic Cloud	불규칙	190,000	500	20,000
Sculpter	타원	300,000	1	6,000
Carina	타원	300,000	0.01	3,000
Draco	타원	300,000	0.1	3,000
Sextans	타원	300,000	0.01	3,000
Ursa Minor	타원	300,000	0.1	2,000
Fornax	타원	500,000	12	6,000
Leo I	타원	600,000	0.6	2,000
Leo II	타원	600,000	0.4	2,000
NGC 6822	불규칙	1,800,000	90	15,000
IC 5152	불규칙	2,000,000	60	3,000
WLM	불규칙	2,000,000	90	6,000
Andromeda(M31)	나선	2,200,000	40,000	150,000
Andromeda I,II,III	타원	2,200,000	1	5,000
M 32(NGC 221)	타원	2,200,000	130	5,000
NGC 147	타원	2,200,000	50	8,000
NGC 185	타원	2,200,000	60	8,000
NGC 205	타원	2,200,000	160	11,000
M 33(Triangulum)	나선	2,400,000	5,000	40,000
IC 1613	불규칙	2,500,000	50	10,000
DDO 210	불규칙	3,000,000	2	5,000
Pisces	불규칙	3,000,000	0.6	2,000
GR 8	불규칙	4,000,000	2	1,500
IC 10	불규칙	4,000,000	250	6,000
Sagittarius	불규칙	4,000,000	1	4,000
Leo A	불규칙	5,000,000	20	7,000
Pegasus	불규칙	5,000,000	20	7,000

가장 밝은 별들

이름	별자리	겉보기 등급	절대등급 (light years)	거리	별의 종류
태양		−26.7	4.8	0.000015	노란색 주계열
시리우스A	큰개자리	−1.4	1.4	8.6	백색 주계열
카노푸스	용골자리	−0.7	−8.5	1200	백색 초거성
알파	켄타우루스자리	−0.1	4.1	4.3	노란색 주계열
대각성	목동자리	−0.1	−0.3	37	적색거성
베가	거문고자리	0.04	0.5	27	백색 주계열
카펠라	마차부자리	0.1	−0.6	45	노란색 거성
리겔	오리온자리	0.1	−7.1	540–900	백색 초거성
프로키온	작은개자리	0.4	2.7	11.3	노란색 주계열
아케르나르	에리다누스자리	0.5	−1.3	85	백색 주계열

지진의 측정

메르칼리 진도규모	효과
1	사람은 느끼지 못하고, 지진계에만 감지됨; 문이 흔들릴 수 있음
2–4	실내의 사람들이 느끼고 외부의 몇몇 사람이 느낄 정도
5–6	대부분의 사람이 느낄 정도, 건물이 흔들리고, 선반이 흔들려서 책이 떨어질 정도
7–8	나뭇가지가 부러지고, 운전하기 힘들 정도
9–10	도로가 갈라지고; 건물과 다리가 붕괴됨
11–12	거의 모든 건물이 붕괴되고, 땅의 움직임이 보임, 강물길이 바뀜

리히터 규모	효과
1–3	지진계로만 감지됨
4	진원지로부터 32km(20마일)이내에서 지진이 감지됨
5	건물이 약간 손상될 정도; 부실 공사된 건물이 손상된다.
6	잘 지어진 건물이 손상된다.
7	두드러진 지진
8–9	매우 파괴적인 지진. 수백킬로미터 반경의 곳에 심각한 손상을 미친다.

물리학 기호

기호	뜻	기호	뜻
α	알파 입자	μ	마이크로–, 투자율
β	베타 입자	ν	진동수; 중성미자
γ	감마선	ρ	밀도, 저항력
ε	기전력	σ	도전율
η	능률; 점도	c	빛의 속도
λ	파장		

물리 공식Physics Formulae

무게Weight

무게는 질량에 중력 가속도
를 곱한 값이다.

$$W = mg$$

W: 무게
m: 질량
g: 중력가속도

압력Pressure

압력은 힘을 힘이 작용한
영역의 넓이로 나눈 값이다.

$$P = \frac{F}{A}$$

P: 압력
F: 적용된 힘
A: 힘이 작용한 영역의 넓이

회전력Turning Force

회전력은 힘에 회전축으로
부터 힘이 작용한 부분까지
의 거리를 곱한 값이다.

$$T = Fd$$

T: 회전력(모멘트)
F: 작용한 힘
d:거리

뉴턴의 제2법칙Newton's Second Law

가속도는 힘을 질량으로 나
눈 값이다.

$$a = \frac{F}{m}$$

a: 가속도
F: 작용한 힘
m: 질량

속력Speed

속력은 거리를 시간으로 나
눈 값이다.

$$v = \frac{d}{t}$$

v: 속도
d:거리
t: 시간

등가속력Constant Acceleration

등가속력은 속도의 변화를
걸린 시간으로 나눈 값이다.

$$a = \frac{(v_2 - v_1)}{t}$$

a: 가속도
v_1: 처음 속도
v_2: 나중 속도
t: 시간

운동량Momentum

운동량은 질량에 속도를 곱한 값이다.

$$p = mv$$

p: 운동량
m: 질량
v: 속도

마찰력Friction

두 표면 사이의 마찰력은 마찰계수와 수직항력을 곱한 값이다.

$$F = \mu N$$

F: 마찰력
μ: 마찰계수(물질마다 다르다)
N: 수직항력

유체의 압력 Liquid Pressure

유체의 압력은 유체의 밀도와 중력, 그리고, 구하고자 하는 지점의 깊이를 곱한 값이다.

$$P = \rho g h$$

P: 압력
ρ: 유체의 밀도
g: 중력가속도
h: 구하고자 하는 지점의 깊이

인력Gravitation

인력은 두 물체의 질량과 중력 가속도를 곱한 후 두 물체간의 거리를 제곱하여 나눈 값이다.

$$F = \frac{Gm_1 m_2}{d^2}$$

F: 두 물체의 인력
G: 만유인력 상수
m_1, m_2: 두 물체의 질량
d: 물체사이의 거리

구심력Centripetal Force

구심력은 물체의 질량에 속도의 제곱을 곱한 후 반지름으로 나눈 값이다.

$$F = \frac{mv^2}{r}$$

F: 구심력
m: 질량
v: 원운동하는 물체의 속력
r: 원의 반지름

일Work

일은 힘에 거리를 곱한 값이다.

$$W = Fd$$

W: 한 일
F: 작용된 힘
d: 힘이 작용한 거리

탄성력Elasticity

물체가 늘어난 길이는 그 물체에 작용한 힘에 비례한다.

$$F \propto x$$

F: 작용된 힘
x: 물체가 늘어난 길이

전류Current

전류는 저항을 전압으로 나눈 것이다.

$$I = \frac{V}{R}$$

I: 전류
V: 전압
R: 저항

전력Power

전력은 전압과 전투의 곱이다.

$$P = VI$$

P: 전력
V: 전압
I: 전류

분수, 소수, 퍼센트의 관계

분수	소수	퍼센트
$\frac{1}{2}$	0.5	50%
$\frac{1}{4}$	0.25	25%
$\frac{3}{4}$	0.75	75%
$\frac{1}{5}$	0.2	20%
$\frac{1}{10}$	0.1	10%
$\frac{1}{100}$	0.01	1%
$\frac{1}{8}$	0.125	$12\frac{1}{2}$%
$\frac{1}{3}$	0.333 (순환)	$33\frac{1}{3}$%
$\frac{2}{3}$	0.66 (순환)	$66\frac{2}{3}$%

유용한 미터법에 쓰이는 접두어

접두어	값	접두어	값
엑사-	10^{18}	데시-	$\frac{1}{10}$
페타-	10^{15}	센티-	$\frac{1}{100}$
테라-	10^{12}	밀리-	10^{-3}
기가-	10^{9}	마이크로-	10^{-6}
메가-	10^{16}	나노-	10^{-9}
킬로-	1,000	피코-	10^{-12}
헥토-	100	펨토-	10^{-15}
데카-	10	애토-	10^{-18}

컴퓨터 코드

십진수	이진수	16진수	ASCII 문자
0	00000000	00	NUL*
1	00000001	01	SOH*
2	00000010	02	Start of text*
9	00001001	09	HT*
10	00001010	0A	Line feed*
11	00001011	0B	VT*
12	00001100	0C	Form feed*
13	00001101	0D	Carriage return*
14	00001110	0E	SO*
15	00001111	0F	SI*
16	00010000	10	DLE*
17	00010001	11	DC1*
18	00010010	12	DC2*
32	00100000	20	SPACE
33	00100001	21	!
34	00100010	22	"
64	01000000	40	@
65	01000001	41	A
66	01000010	42	B
119	01110111	77	w
120	01111000	78	x
121	01111001	79	y
122	01111010	7A	z
123	01111011	7B	{

* 는 제어문자임(출력되지 않음)

찾아보기 Index

다음의 그림들을 사용할 수 있게 허락해 주신 것에 감사를 드립니다.

Global Book Publishing Photo Library: 양치류 식물 잎사귀 사진
Jill Britton: 솔방울에 나타나는 피보나치 수열
Fabio Cesari: 만델브로 집합의 이미지
Les Enluminures, Paris and Chicago: 산가지
Noel Griffin, Spanky Fractal Database: 면지에 삽입된 프랙탈 이미지
Heinz Nixdorf MuseumsForum, Paderborn, Germany: 파스칼 계산기
Paul Kremer: 주기율표
M.S.Miesch(N.C.A.R.,USA), A.S.Brun(C.E.A.,Saclay,France), and
J.Toomre(J.I.L.A.,University of Colorado,USA): 코흐의 눈송이 이미지
NASA/WMAP: 행성 이미지; 나선은하; 은하수의 마이크로파 이미지;은
　　하 성단
Science Photo Library: 이륙하는 제트비행기 컴퓨터 시뮬레이션
그 밖의 다른 모든 삽화를 허락한 Richard Burgesss에게 감사를 드린다.